Canva
Basic & design tips!

infinitely helpful
152 useful techniques

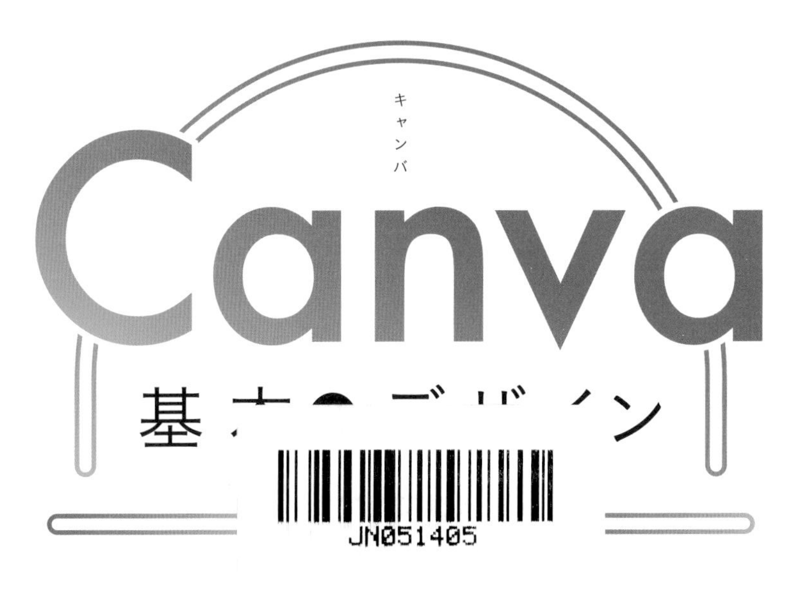

無限に役立つ使いこなしワザ152

マリエ
marie

技術評論社

はじめに

Canvaがオーストラリアから日本に上陸したのは2017年のこと。当時は機能もシンプルでしたが、「こんなに便利なツールが無料で使えるの！？」と感動し、私もすっかりCanvaに夢中になりました。そして現在、私はCanva公式クリエイターとして365日Canvaを使う中で、欠かせないテクニックや便利な活用法をSNSを通じて発信するようになりました。

Canvaは日々ユーザーの声を取り入れながら、アプリやAIなど新しい機能をどんどん追加し、驚くほど進化し続けています。その一方で機能が増え複雑になり、「なんだか難しそう」「うまく使いこなせない」と思っている方も多いのではないでしょうか？

そんな方にむけて、この本では絶対に押さえておきたいCanvaの基本機能や、便利ワザを盛り込みました。これからCanvaをはじめる方にも、すでにCanvaを使っている方にも「こんな機能があったのか！」ときっと思っていただけるはずです。

この本を通じてCanvaの便利ワザをより知ることで、みなさんのデザインの幅を広げ、効率よくCanvaを活用するお手伝いができればうれしいです。

マリエ

本書の使い方

- 本書はCanvaの基本から応用まで、便利なTIPSを紹介しています。
- 章ごとに直感的なテーマで分類しているので、
知りたいTIPSをすぐに探せます。
- 手順通りに操作するだけで、やりたいことを再現できます。

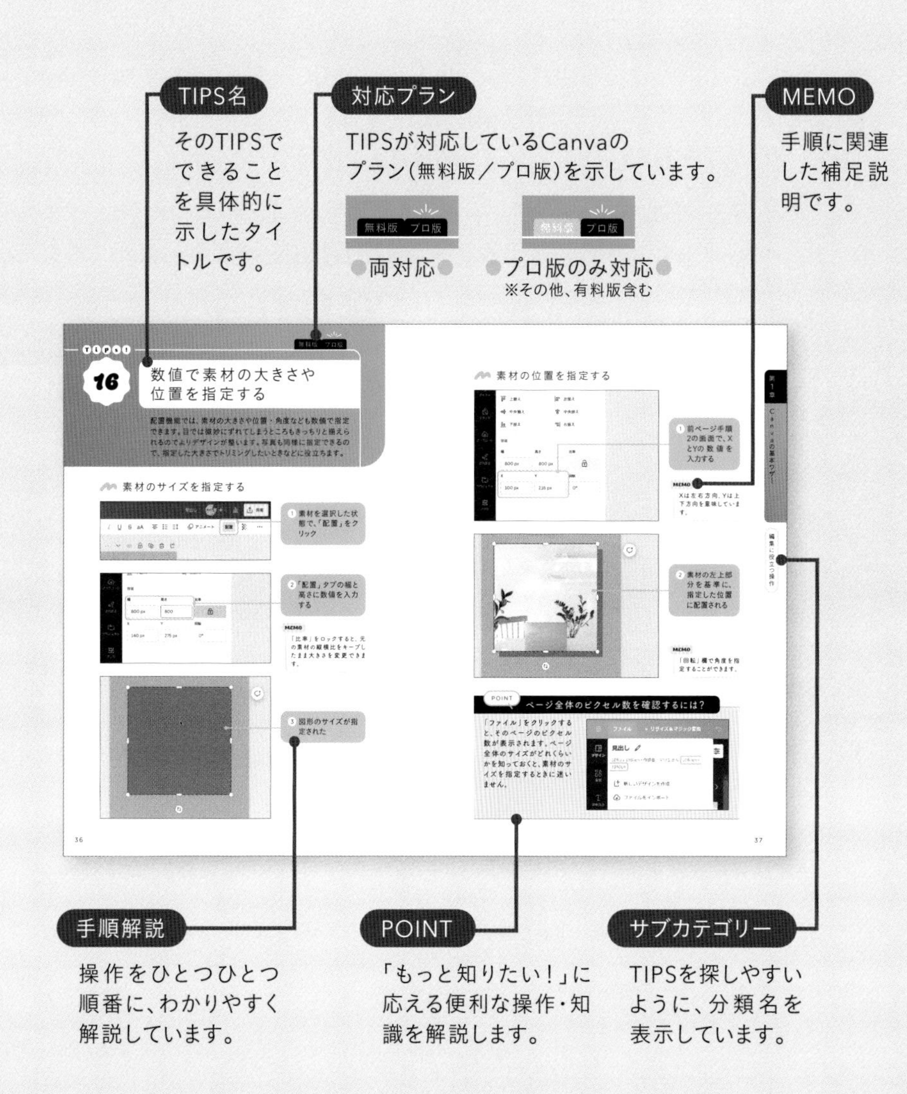

CONTENTS

第1章 Canvaの基本ワザ！

便利機能

第2章 素材の検索・取り込み・整理のワザ！

素材の検索

素材の取り込み

第4章 写真のデザインワザ!

第5章 配色のデザインワザ!

第6章 文字のデザインワザ!

フォントの登録

文字の編集

文字のアレンジ

第7章 動くコンテンツのデザインワザ!

動画の基本

第8章 生成AIの活用ワザ！

AI加工

画像・動画の生成

グラフィックの生成

テキストの生成と便利ワザ

音声・音楽の生成

第9章 デザインの書き出し・共有ワザ！

第1章

Canvaの基本ワザ！

Canva

無料版 プロ版

Canvaとは？

2013年にオーストラリアで生まれたCanvaは日本国内でも年々ユーザー数が増加し、現在では個人ユーザーをはじめ教育機関や企業で広く利用されています。なぜ今、Canvaが注目を集めているのか、その魅力と特徴を知っておきましょう。

無料で使えるデザインツール

Canva は、オンラインで利用できるグラフィックデザインツールです。無料ではじめることができるにもかかわらず、豊富なテンプレートや素材が用意されているため、アレンジするだけで初心者でもかんたんにデザインを作成することができます。デザインはパソコンだけではなく、スマートフォンやタブレットにも同期され、いつでも編集が可能です。最近は AI 機能も次々に追加され、さらに便利に進化し続けているのも魅力です。

Canvaのここがスゴイ！

デザイン素人でも使えるカンタン操作

基本操作は、好きなテンプレートを選んで写真・文字・色などを変えるだけ。難しい知識なしでもあっという間にプロのようなデザインができあがります。

豊富なテンプレート・素材

Canvaには61万点ものテンプレートと1億点以上の素材（写真・イラスト・動画・音楽）が用意されています。クリエイターによる日本向けのテンプレートや素材も日々増えているため、イメージに合うものがきっと見つかります。

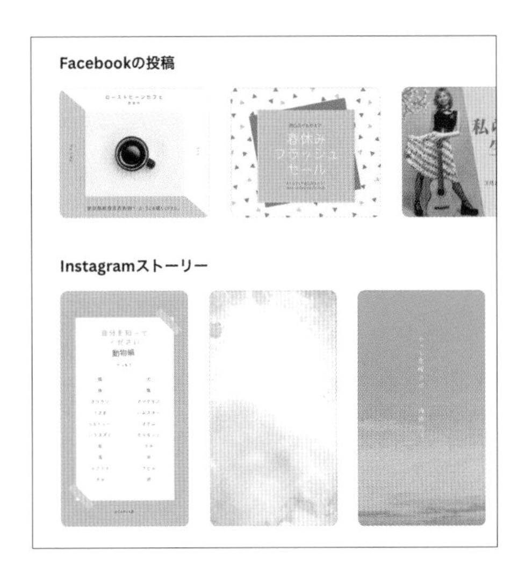

AIを使ったデザインツールも!

背景を削除する、なぞった画像を別のものに置き換える、テキスト入力した内容を画像生成するなどのAI機能も、特別なツールを使わなくてもCanva内で利用できます。外部の画像編集サービスなどと連携して使える「アプリ」機能も増加中です。

Magic Grab
Canvaテンプレートと同じように、あらゆる画像を編集可能にします

POINT

Canva素材の著作権について

Canvaで作成したデザインは商用利用が可能で、たとえばホームページやSNSに利用することや、Tシャツをデザインして販売することができます。ただし下記のことは禁止されています。詳しくは下記URLをご覧ください。

・Canvaのテンプレートや素材を無加工の状態で販売・再配布する
・Canvaで作成したデザインを商標登録する
https://www.canva.com/ja_jp/learn/commercial-use/

無料版 プロ版

Canvaの料金プランを知る

Canvaは誰でも無料から利用できるのがいいところ。さらに、すべての機能や素材が無制限で使える有料プラン「Canvaプロ」にアップグレードすると、より快適にクオリティの高いデザインを作成することができます。

4つの料金プランと、選び方

Canva には「Canva 無料」、「Canva プロ」、「Canva チーム」、「Canva エンタープライズ」の4つのプランがあります。無料版とプロ版は個人向けで、チーム版は複数人での利用、エンタープライズ版は企業での利用に適しています。ここでは無料版、プロ版、チーム版について解説します。

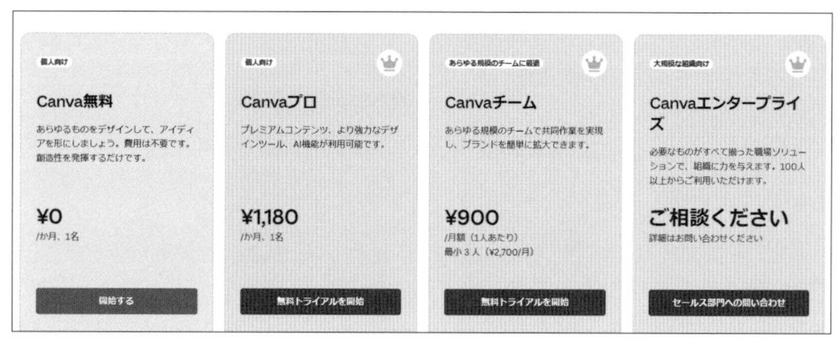

https://www.canva.com/ja_jp/pricing/

MEMO

教育機関または非営利団体は、申請を行うことで「Canva for Education」「Canva for NPO」にてプロ機能を無料で利用することができます。

これから使うならCanva無料

基本的なツールが利用でき、無料テンプレート・無料素材を使用することができます。アップロードした画像や動画を保存できる容量は5GB まで（プロとチームは1TB)。ちょっとした利用だけなら、無料版で十分なケースも多いです。

●月額／年額：無料

しっかり使いたいならCanvaプロ

Canvaをよく使う人におすすめなのがプロプランです。有料のテンプレート・素材もすべて利用でき、その素材の数は1億点を超えます。また、AIを使った便利な編集ツールや、ブランド別にカラーやフォントを登録できる機能なども使えるようになります。

● 月額：1,180円 ／ 年額：11,800円

背景除去は、写真の背景を一瞬で削除してくれる機能（左図が削除後）

チームで使うならCanvaチーム

Canvaを複数人で利用するのにお得なプランです。Canvaプロと同様にすべてのツール、テンプレート、素材が利用できます。最小3人から利用可能で、人数が増えるにつれて以下の1人あたり金額が加算されていきます。個人の制作物のプライバシーも守りつつ、チームでの共同作業にも便利に使えます。

● [1人あたり金額] 月額：900円 ／ 年額：9,000円
※最小3人から利用可能

POINT 有料テンプレート・素材の見分け方

Canvaでテンプレートや素材を検索すると、有料・無料にかかわらずすべてのものが検索されます。このとき、各テンプレートや素材の右下にアイコンが表示されるか否かで、有料かどうかを見分けることができます。右下に王冠アイコンが表示されている場合は有料テンプレート・素材で、有料プランに登録すると無料で使用できます。

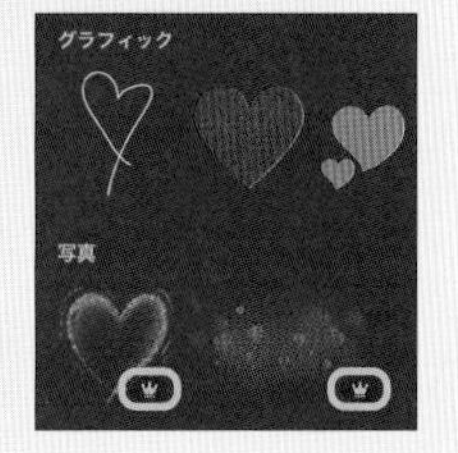

Tips!

無料版 プロ版

Canvaのアカウントを登録する

まずはCanvaのアカウントを作成しましょう。ここでは例として、メールアドレスを利用した登録方法を紹介します。同じアカウントでログインすることで、別のPCからでもスマホからでも、いつでもデザインの作成・編集ができるようになります。

アカウントを登録する

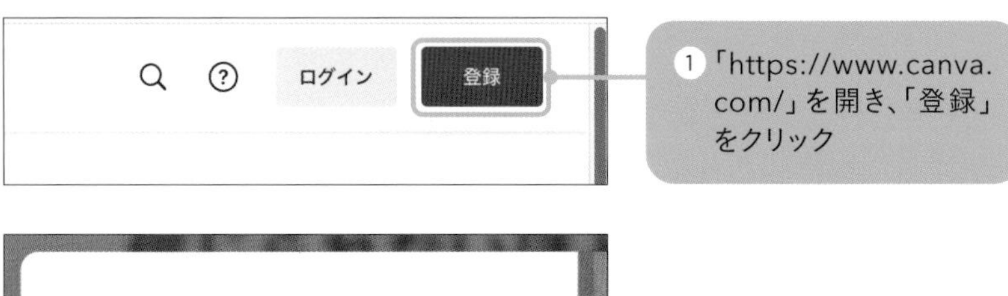

ログインまたは簡単登録

メールアドレスやID連携を使って、Canvaをご利用ください（無料）。

Googleで続行

Facebookで続行

メールアドレスで続行

別の方法で続ける

続行することにより、Canvaの利用規約に同意したことになります。詳しくは、プライバシーポリシーをお読みください。

2 登録方法（ここではメールアドレス）を選んでクリック

ます。

メール（個人用または仕事用）

chika@example.com

続行

3 メールアドレスを入力する

4「続行」をクリック

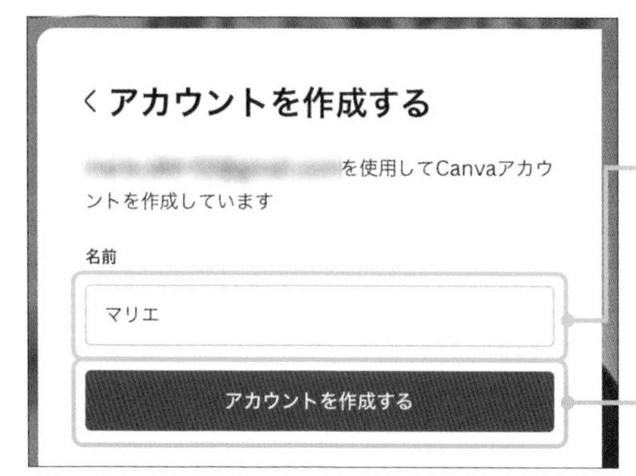

5 名前を入力する

MEMO
名前はあとから変更できます。

6「アカウントを作成する」をクリック

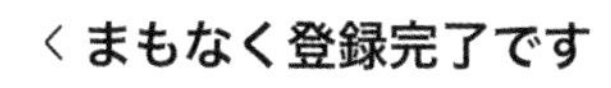

7 メールを確認し、記載されたコードを入力する

8「続行」をクリック

9 アカウントの作成が完了し、Canvaが利用できるようになる

MEMO
無料版として利用できます。プロ版を使いたい場合は「Canvaプロ 無料トライアル」から、まずは30日間のお試し利用が可能です。

MEMO
ホーム画面右上の「設定」（歯車アイコン）から名前・アイコン・メールアドレスなどを変更できます。

無料版 プロ版

Tips!

デザイン作成①
テンプレートから作成する

Canvaをはじめて使うなら、テンプレートを検索するところからはじめてみましょう。検索窓に用途や雰囲気、カラーなどを入力することで、イメージに近いテンプレートを見つけることができます。

テンプレートを選んでから作成する

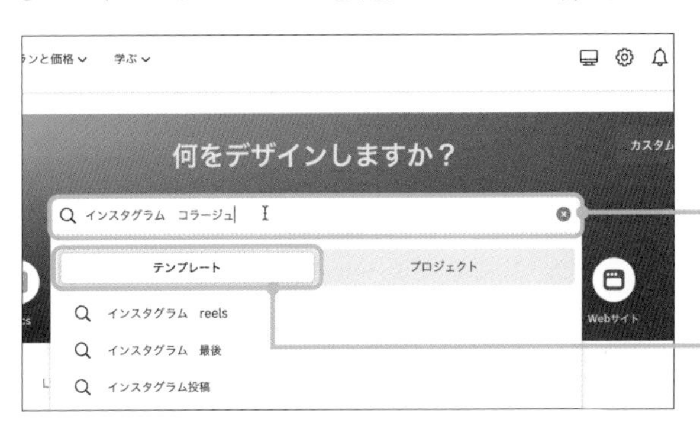

①ホーム画面で、検索窓に作成したいものを入力する

②「テンプレート」をクリックしてEnterキーを押す

③使用したいテンプレートを選択する

¥ 有料素材を含む

ベージュ色、写真、コラージュ、ベッド＆ブレックファースト、イン、Instagram、投稿

Instagramの投稿（正方形）・1080 × 1080 px

このテンプレートをカスタマイズ

④「このテンプレートをカスタマイズ」をクリックすると、デザインが作成される

MEMO

Canvaでは、編集した内容は自動で保存されます。

無料版 プロ版

デザイン作成②
サイズと用途から作成する

検索窓の下には「プレゼンテーション」「SNS」「動画」など用途ごとのアイコンが並んでいます。このアイコンから、用途に合わせたサイズでデザインを作成できます。イチからデザインを作成することも、編集画面でテンプレートを選ぶことも可能です。

サイズと用途を確認して作成する

1 ホーム画面で、用途別のアイコンをクリック

2 マウスを合わせると、作成されるサイズが表示されるので、確認してクリックする

3 デザインが作成される

4 テンプレートを検索して、クリックするとページに配置できる

MEMO

ここで検索されるテンプレートは、手順2で選んだ用途によって異なるものが出てきます。

無料版 プロ版

デザイン作成③ カスタムサイズで作成する

作成したいもののサイズが決まっているときは、数値を入力してデザインを開始しましょう。規定のサイズが用意されていない場合もあるので、そのような場合もカスタムサイズで作成するといいですね。

指定したサイズでデザインを作成する

1 ホーム画面で、「カスタムサイズ」をクリック

2 幅と高さの数値を入力

MEMO
単位はpx／in（インチ）／mm／cmから選択できます。

3「新しいデザインを作成」をクリック

4 指定したサイズでデザインが作成される

MEMO
テンプレートには、近いサイズや似た比率のものが表示されます。

無料版 プロ版

作成したデザインを開く

作成したデザインはホーム画面に表示され、タイトルや含まれるワードで検索ができます。また、もう一つの方法として「プロジェクト」から開くことも可能です。プロジェクトではカテゴリーや変更日から過去のデザインを探すこともできて便利です。

「プロジェクト」からデザインを開く

1 ホーム画面で、「プロジェクト」をクリック

2 「デザイン」タブをクリック

3 開きたいデザインをクリックすると、デザインが編集画面で開く

MEMO

「所有者」「カテゴリー」「変更日」からデザインを絞り込むことができます。

無料版 プロ版

デザインを削除・復元する

作成したデザインを削除したいときもホーム画面または「プロジェクト」から実行できます。プロジェクトではデザインを複数選択してまとめて削除できるので整理がしやすいです。削除したデザインを復元する方法もあわせて紹介します。

デザインを削除する

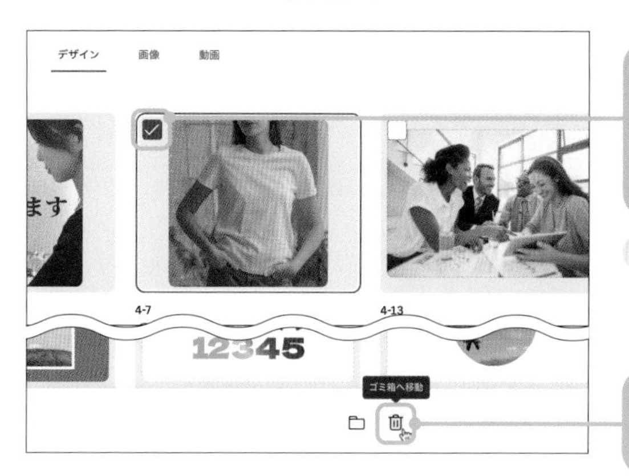

1 前ページ手順2の画面を開き、デザイン左上にチェックを入れる

MEMO
このまま複数選択することもできます。

2 「ゴミ箱へ移動」をクリックと削除される

デザインを復元する

1 「ゴミ箱」をクリック

2 デザインの右上「…」をクリック

3 「復元する」をクリックすると、「プロジェクト」に移動する

MEMO
ゴミ箱の中のデザインは、削除してから30日経つと自動的に削除されます。

無料版 プロ版

基本操作①
写真を入れ替える

テンプレートを編集するところからデザインをはじめてみましょう。まずは写真を入れ替える方法です。写真を選んでドラッグするだけで画像がフレームに収まるのでカンタンです。位置を調整するにはダブルクリックしてみましょう。

テンプレートの写真を入れ替える

1「素材」をクリック

2 使いたい素材を検索する

3「写真」の「すべて表示」をクリック

MEMO
自分の写真を使用したい場合はP.68を参照してください。

4 使用したい写真をクリックすると、ページに配置される

⑤ 写真の枠内をドラッグして、フレーム枠に移動する

MEMO

四隅の丸ハンドルをドラッグで拡大・縮小できます。

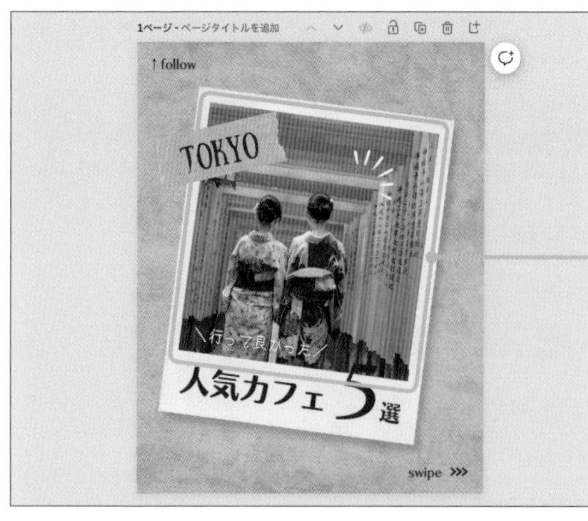

⑥ フレーム内の写真が入れ替わる

MEMO

テンプレートにフレーム（→P.126）が使われている場合は、このように入れ替わります。

⑦ 写真をダブルクリックすると、写真の切り抜き位置を調整できる

MEMO

写真を右クリックして「画像を切り取る」をクリックすると、フレームから写真を取り出せます。

Tips!

無料版 プロ版

10 基本操作② 文字の入力と新規作成

テンプレートに入力された文字を打ち替えて、フォントを変更してみましょう。文字の大きさはテキストボックスの角をドラッグすることでも変更可能です。また、文字を装飾するツールもいろいろ用意されているので覚えておくといいですね。

文字とフォントを変える

1 変更したいテキストボックスをダブルクリックし、文字を打ち替える

ファイル リサイズ&マジック変換
フォント テキストスタイル
しねきゃぷしょん 70
SUNDAY AABBCC
キアロ
しねきゃぷしょん

2 テキストボックスを選択した状態で「フォント」をクリック

3 使用したいフォントをクリック

4 +／ーボタンまたは数値をクリックして、フォントの大きさを選択する

MEMO
上部バーではほかに、文字の色や太字、文字揃え、箇条書きなどを設定できます。

文字の新規作成・移動・削除

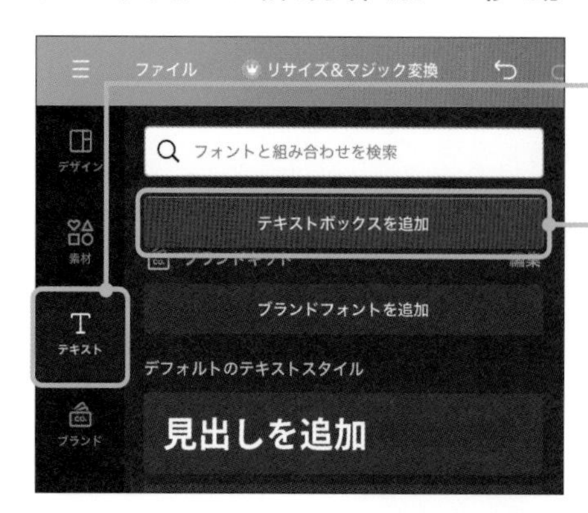

1「テキスト」をクリック

2「テキストボックスを追加」をクリック

3 テキストボックスが追加されるので、適宜入力してEscキーを押す

MEMO

テキストボックスの幅を文字に合わせたいときは、テキストボックス右のハンドルをダブルクリックします。

4 テキスト全体が選択されるので、ドラッグして移動・拡大縮小をする

MEMO

Deleteキーを押すと削除できます。

POINT スタイル反映済みのテキストを追加する

手順2で「見出しを追加」などをクリックすると、テキストスタイルが設定済みのテキストボックスを追加できます（スタイルを変更するにはP.168参照）。

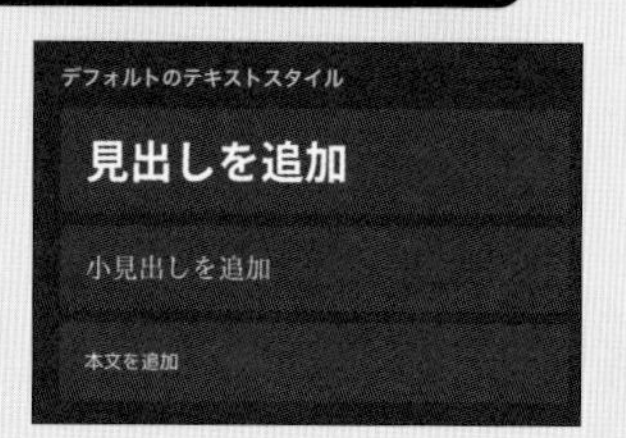

無料版 プロ版

Tips!

基本操作③ 素材を追加する

デザインに必要な素材を探して配置してみましょう。「グラフィック」を選択すると、色が変更できる素材が見つかります。回転・複製・削除などの基本的なツールも覚えておくと作業がスムーズです。

素材を追加する

1 「素材」をクリック

2 使用したい素材を検索する

3 「グラフィック」を選択

4 使用したい素材をクリック

5 素材の四隅をドラッグしてサイズ調整し、枠内をドラッグして移動する

6 回転マークをドラッグし、角度を調節する

MEMO

素材の選択時に表示されるポップアップから複製や削除が行えます。

無料版 プロ版

基本操作④ 色を変更する

クリックしたときに「カラー」のアイコンが表示される素材は、色を変更することができます。カラーや配色機能をさらに活用するには第5章もご覧ください。

色を変更する

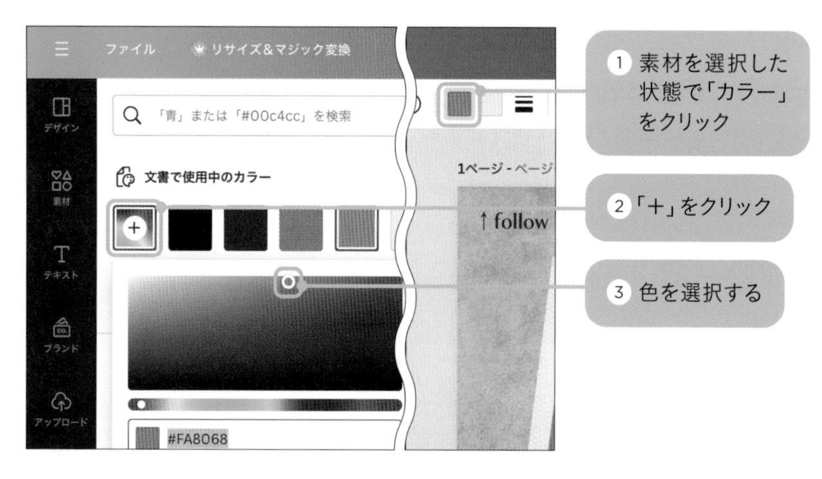

1 素材を選択した状態で「カラー」をクリック

2 「+」をクリック

3 色を選択する

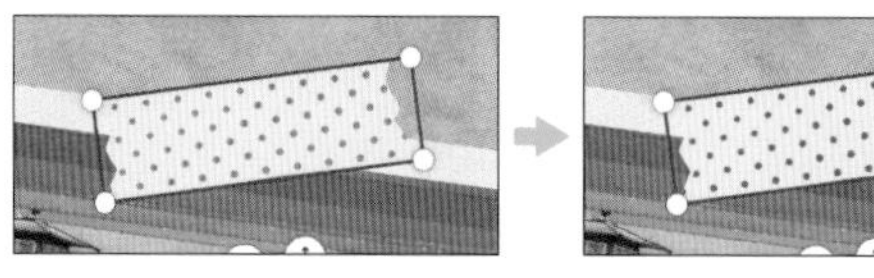

4 素材の色が変更される

POINT デフォルトカラーから選ぶ

カラーパネルにはあらかじめ単色カラーやグラデーションが用意されているので、手軽に色を変更することもできます。

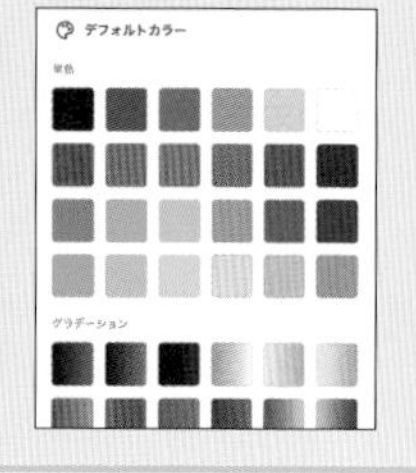

無料版 プロ版

基本操作⑤ ページを追加する

ページの右上のアイコンをクリックすることで新しいページを追加できます。1つのデザインの中で最大350ページまでページを増やすことが可能です。また、Canvaの画面下部からページを一覧で確認する方法も覚えておきましょう。

新しいページを追加して一覧で確認する

1 「ページを追加」をクリックし、ページを作成する

MEMO
その左のボタンからページの削除・複製・移動などができます。

2 ここをクリック

3 ページ一覧が表示される

4 元の表示に戻すにはここをクリック

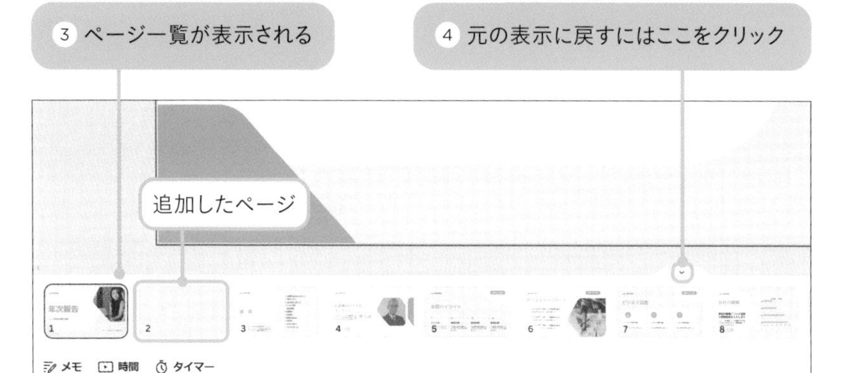

MEMO
ページ一覧表示の場合、ページの追加などの操作はページを右クリックして行います。

無料版 プロ版

図や写真の重なり順を整える

配置では、素材や文字などの重なりの順番を変更したり、縦横を揃えたり、等間隔に並べたりすることができます。細かい配置を整えることで、ぐっとデザインのクオリティが上がります。

素材の重なり順を変更する

① 重なり順を変更したい素材を選択した状態で、「配置」をクリック

MEMO
素材が重なって選択できない場合は、Ctrl（command）キーを押しながらクリックすると、重なっている素材を順番に選択できます。

② 「配置」タブをクリック

③ ここでは「背面へ」をクリック

④ 素材が背面に移動した

レイヤーパネルで重なり順を変更する

① 前ページ手順2の画面で、「レイヤー」タブをクリック

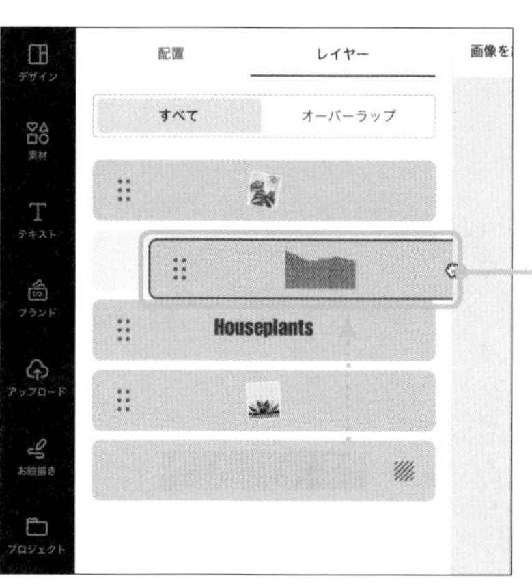

② 素材のレイヤーをドラッグして重なり順を入れ替える

POINT 右クリックから重なり順を変える

素材を選択して右クリックし、「レイヤー」から重なりを変更することもできます。

無料版　プロ版

15 図や写真を整列・均等配置する

デザインの4大原則は「近接」「整列」「反復」「対比」と言われるほど、要素をわかりやすく配置し整列させることは重要です。Canvaの整列機能を使うと、複数の素材や写真を素早く揃え、均等に配置させることができます。

素材を整列させる

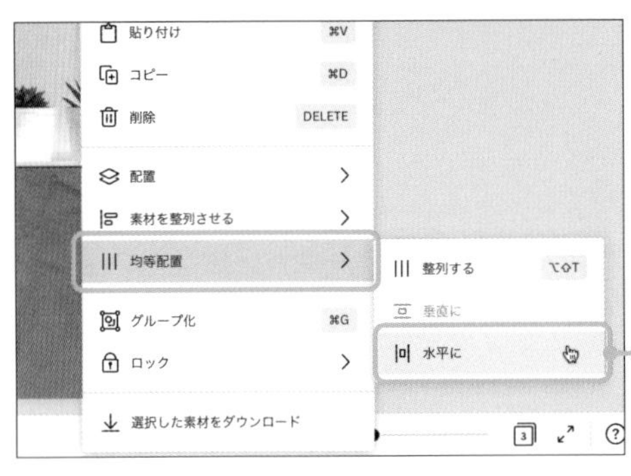

③ 素材が横一列に並ぶので、続けて素材を右クリックして「均等配置」→「水平に」をクリック

④ 等間隔に並んだ

⑤ 少し左寄りになっているので、3つの素材を選択した状態でドラッグし、ピンク色のガイドラインに合わせて中央に配置する

POINT

配置を整えて美しいデザインに

配置機能はグラフィック、写真、文字などで使用できます。1つの素材を選択してページに合わせて配置したり、複数の素材で上下左右を揃えたりすることもできます。

ページに合わせて左右中央揃え

均等配置

2つの素材で左揃え

Tips!

無料版 プロ版

数値で素材の大きさや位置を指定する

配置機能では、素材の大きさや位置・角度なども数値で指定できます。目では微妙にずれてしまうところもきっちりと揃えられるのでよりデザインが整います。写真も同様に指定できるので、指定した大きさでトリミングしたいときなどに役立ちます。

素材のサイズを指定する

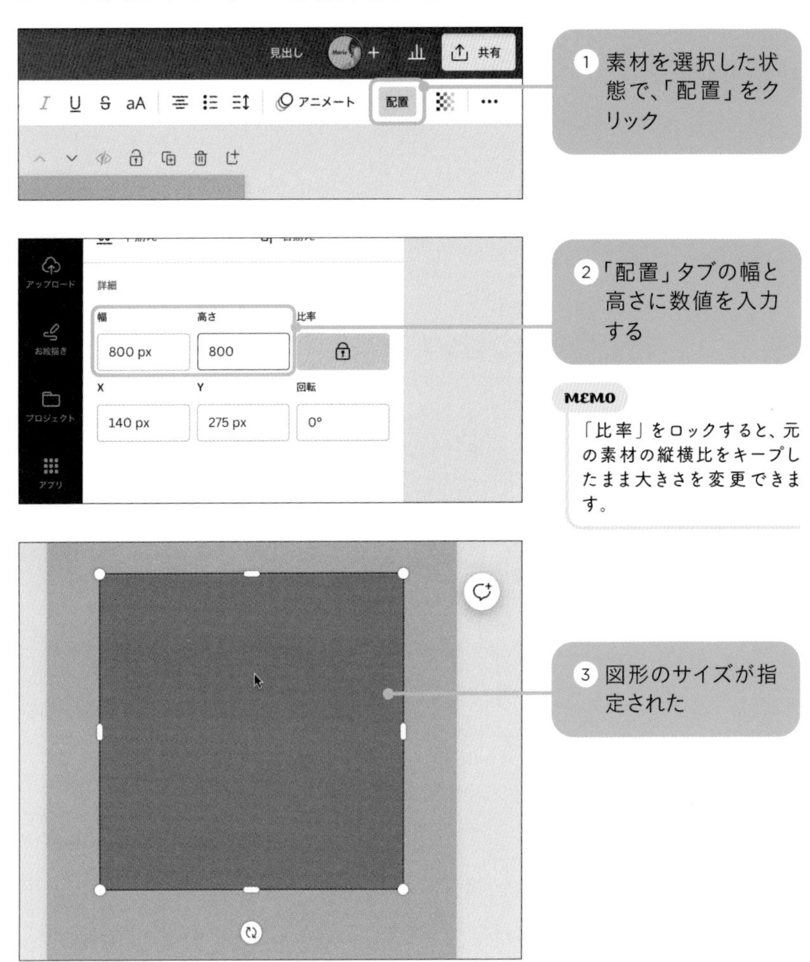

素材の位置を指定する

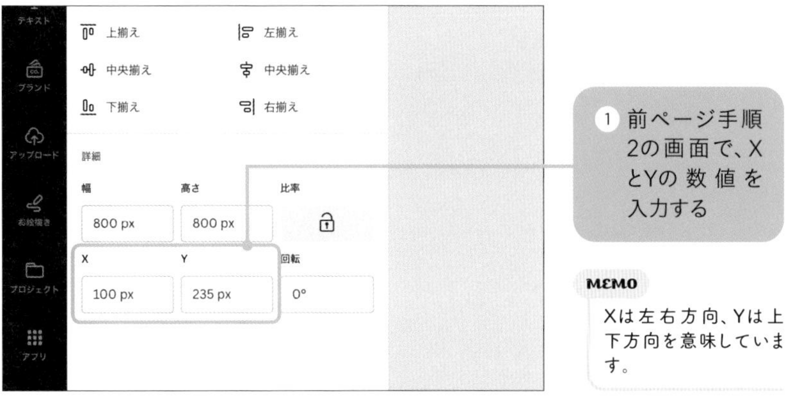

① 前ページ手順2の画面で、XとYの数値を入力する

MEMO
Xは左右方向、Yは上下方向を意味しています。

② 素材の左上部分を基準に、指定した位置に配置される

MEMO
「回転」欄で角度を指定することができます。

POINT ページ全体のピクセル数を確認するには？

「ファイル」をクリックすると、そのページのピクセル数が表示されます。ページ全体のサイズがどれくらいかを知っておくと、素材のサイズを指定するときに迷いません。

無料版 プロ版

素材やページをロックして効率よく作業する

作業をしていて、文字や写真の位置を固定したいときや、完成したページをまるごと編集できないようにしたいときは「ロック」が便利です。テキストや写真など各素材をロックすることも、ページ全体をロックすることもできます。

素材をロックする

1 ロックしたい素材を選択して右クリック

2「ロック」→「ロック」をクリック

MEMO

プロ版では「位置だけロック」を選択できます。これは位置を固定しつつ、文字の編集などは行えるロック形式です。

ページ全体をロックする

1 ページの右上の鍵マークをクリック

2 ページ全体がロックされて編集できなくなる

MEMO

もう1度クリックするとロックが解除され、通常通り編集できるようになります。

無料版 プロ版

素材をまとめてグループ化する

複数の素材をひとまとめにして移動・編集したいときは「グループ化」が便利です。テンプレートの中には、あらかじめグループ化されているものも多いので、グループ化のしかた・解除のしかたを覚えておきましょう。

素材をグループ化・解除する

1 Shift+クリックで複数の素材を選択する

2 「グループ化」をクリック

3 グループ化された

4 「グループ解除」をクリックすると解除できる

POINT

文字の編集時は要注意

グループ化したあとからでも、文字を編集することができますが、文字を入れることで形がくずれてしまうときは、一度グループを解除してから編集することをおすすめします。

無料版 プロ版

Tips!

グリッドビューでデザイン全体を確認する

グリッドビューでは、デザインに含まれるすべてのページを一覧で表示できます。選択したページをまとめて削除したり、ページの並べ替えをしたりするときにも役立ちます。デザインの全体像を確認するときに欠かせない機能です。

グリッドビューで表示する

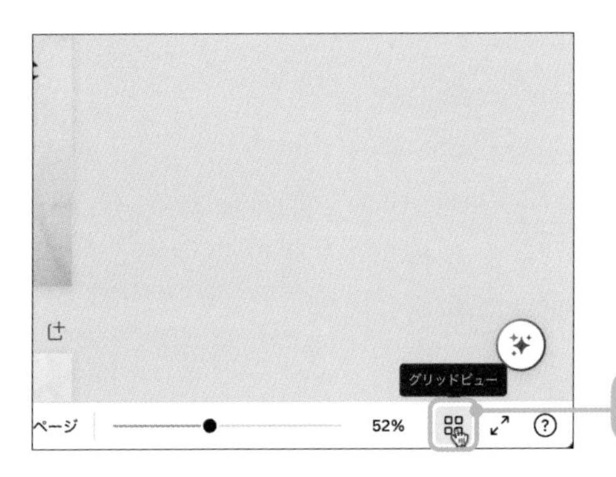

1 「グリッドビュー」をクリック

2 すべてのページが一覧で表示される

グリッドビューでできる操作

ページの並べ替え

① ページを好きな位置にドラッグすると、ページが移動する

ページの追加・複製・削除・非表示

① 画像を選択して右クリックすると、ページの追加や削除が行える

MEMO

Crtl（command）キーを押しながらクリックで、複数ページを選択できます。

POINT

Instagramの画面イメージで確認

グリッドビューは、Instagramの画像を作成するときにも全体像を確認することができて便利です。ウィンドウの幅を調整することによって、Instagramのプロフィール画面のような3列グリットをイメージすることができます。

ウィンドウ幅を調整して3列表示にした

無料版 プロ版

定規とガイドを表示する

Canvaの編集画面には、定規とガイドが用意されています。ガイドはデザイン内のすべてのページで同じ位置に表示され、画像やテキストの位置を揃えることができるので、整ったデザインを作成するときに役立つツールです。

ガイドを配置する

1 「ファイル」→「設定」をクリック

2 「定規とガイドを表示」をクリック

3 定規が表示されるので、定規の上からドラッグする

4 デザイン上にガイドが表示される

MEMO

ドラッグで配置した場合は、ガイドをドラッグすると移動できます。

ガイドをロックする/クリアする

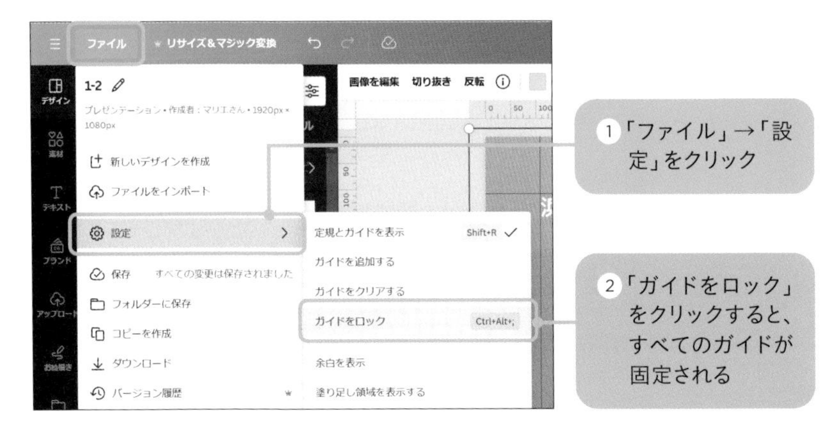

MEMO

ガイドを削除するには「ガイドをクリアする」をクリックするか、ガイドをページ外にドラッグします。

ガイドを数値指定して追加する

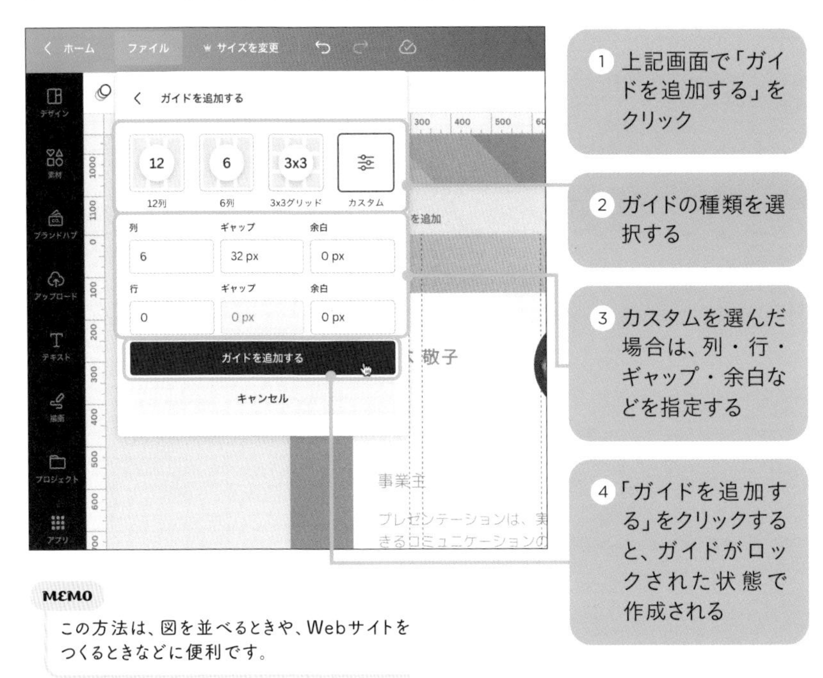

MEMO

この方法は、図を並べるときや、Webサイトをつくるときなどに便利です。

無料版 プロ版

余白と塗り足しを表示する

余白と塗り足しは印刷物をつくるときに役立つ設定です。余白は文字などの重要な情報を配置するときの目安、塗り足しは、紙の端まできれいに印刷したいときに、実際の仕上がりサイズよりも少し外側まで画像を配置するための目安になります。

余白を表示する

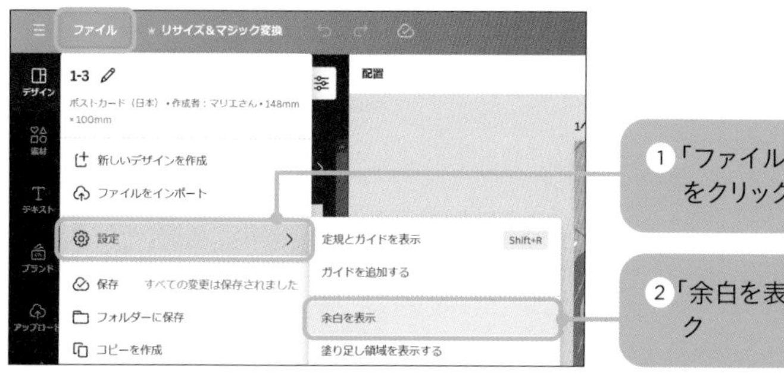

1 「ファイル」→「設定」をクリック

2 「余白を表示」をクリック

3 余白が破線で表示される

MEMO

重要な情報は、余白の内側に配置するようにしましょう。

塗り足し領域を表示する

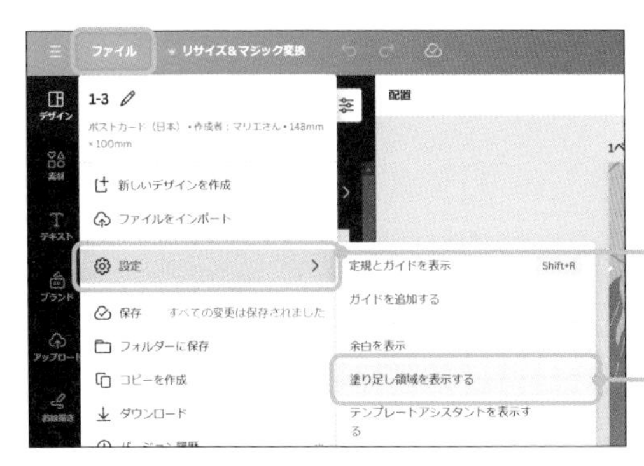

1「ファイル」→「設定」をクリック

2「塗り足し領域を表示する」をクリック

3 塗り足し領域が表示される

MEMO

実際の仕上がりサイズよりも外側に背景などが表示されているか確認します。

POINT トリムマーク入りのPDFを作成する

印刷所に依頼する場合など、トリムマーク入りのPDFが必要になったらP.264の方法で「PDF（印刷）」を選び、「トリムマークと塗り足し」をオンすれば作成できます。プロ版の場合はカラープロファイルを「CMYK（プロフェッショナルな品質の印刷に最適）」を選ぶことで、より印刷されるカラーのイメージに近づけることができます。

無料版 プロ版

Tips! 22

ブランドキットでデザイン作業を便利にする

ブランドキットを活用すると、よく使う画像・フォント・カラーなどをまとめておいて、デザイン作成時に効率よく利用できます。たとえば、会社やお店のロゴやコーポレートカラーを登録すれば、どんな制作物をつくるときも統一感を持たせられます。

ブランドキットを設定する

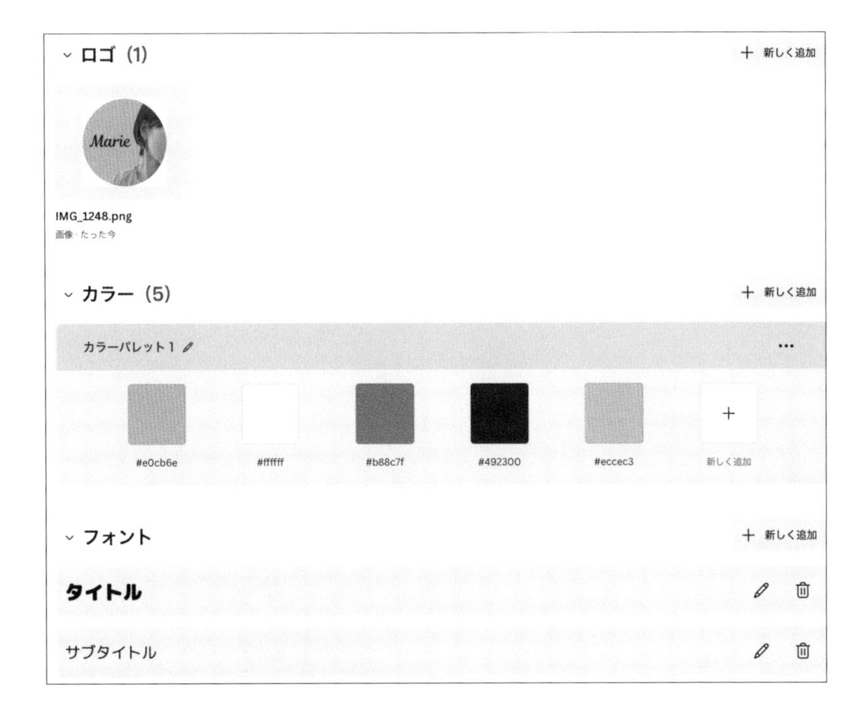

6 ロゴ・カラー・フォント・ブランドボイス・写真・グラフィックを登録できる（→P.145、168）

MEMO

ブランドボイスを登録することで、「マジック作文」（→P.252）で文章生成をするときに内容や文体に反映されます。

ブランドキットをデザインで使う

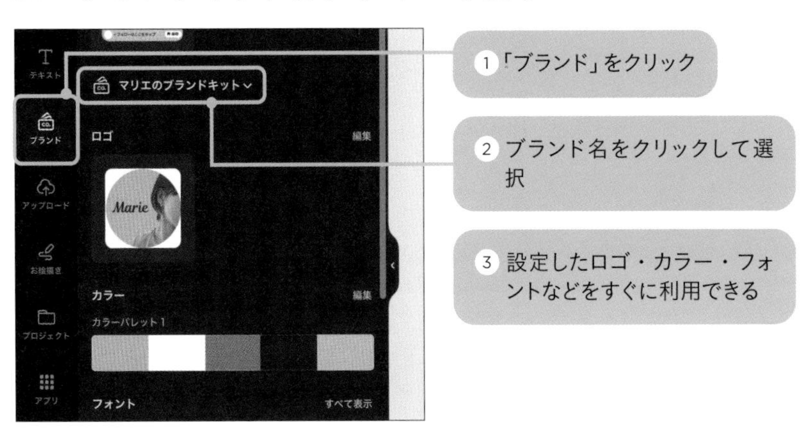

1 「ブランド」をクリック

2 ブランド名をクリックして選択

3 設定したロゴ・カラー・フォントなどをすぐに利用できる

無料版 プロ版

バージョン履歴で過去のデザインに戻す

Canvaはデザインが自動で保存されるのが便利ですが、作成しているうちに「前の方がよかったな……」とさかのぼりたくなることがあるかもしれません。そんなときは、「バージョン履歴」から過去に保存された時点に戻ることができます。

過去のデザインを復元する

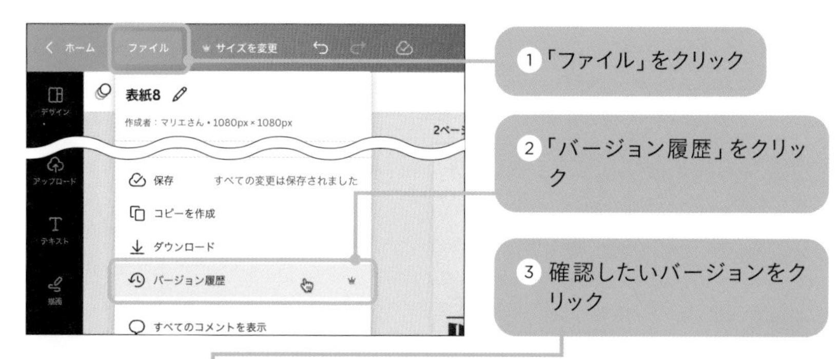

1 「ファイル」をクリック

2 「バージョン履歴」をクリック

3 確認したいバージョンをクリック

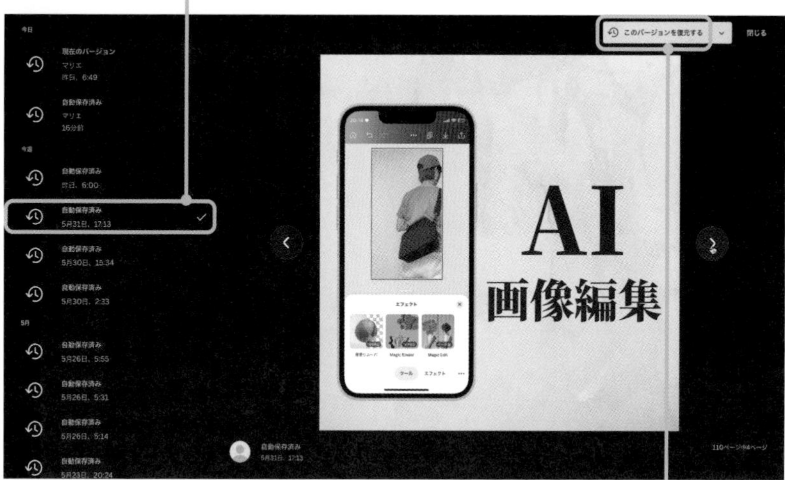

4 「このバージョンを復元する」をクリックすると、過去のバージョンに復元される

MEMO

☑→「コピーを作成」をクリックで、別ファイルとして保存できます。

Tips!

無料版 プロ版

困ったときにAIアシスタントに質問する

Canvaの編集画面の右下にAIアシスタントがいるのを知っていましたか?Canvaの機能についての質問はもちろん、デザインで悩んだときにおすすめの配色や、文章のアイディアなどを聞くこともできます。困ったことがあったらなんでも聞いてみましょう。

AIアシスタントに質問する

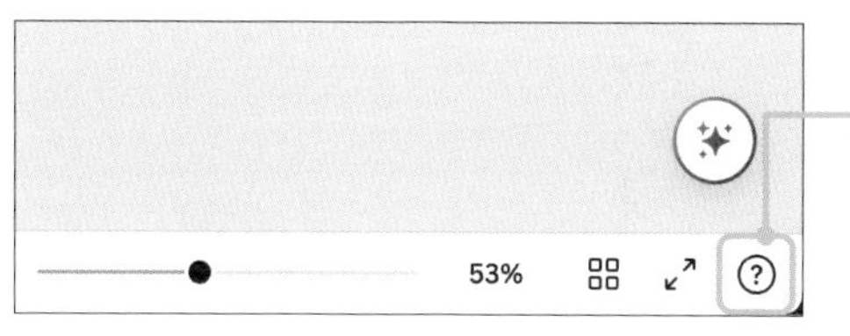

1 画面右下の「?」をクリック

MEMO
キラキラアイコンについてはP.58参照。

こんにちは。
私はAIを活用したアシスタントです。アイディア、アドバイス、質問など、私がお手伝いします。
高級感のある色の組み合わせを教えて
53%

2 質問したいことを入力してEnterキーを押す

高級感のある色の組み合わせを教えて
もちろんです!高級感のある色の組み合わせには以下のようなものがあります:
ブラックとゴールド:黒は強さと優雅さを表し、ゴールドは豪華さと高級感を表します。この組み合わせは、高級ブランドや特別なイベントによく使用されます。
ネイビーブルーとホワイト:ネイビ

3 AIアシスタントからすぐに回答される

MEMO
回答はAIが作成した内容のため、情報の正確性については確認が必要です。

無料版 プロ版

便利なショートカットを覚えよう！

Canvaではショートカットキーを利用して、キーボード入力でさまざまな操作を行うことができます。よく使うものはショートカットを覚えておくことで時短になるので、ぜひ覚えておきましょう。

ショートカットキー一覧

●基本動作●

操作	Windows	Mac
コピー	Ctrl＋C	command＋C
貼り付け	Ctrl＋V	command＋V
元に戻す	Ctrl＋Z	command＋Z
やり直す	Ctrl＋Shift＋Z	command＋shift＋Z
複数選択	Shift＋クリック	shift＋クリック
全体を選択する	Ctrl＋A	command＋A
グループ化	Ctrl＋G	command＋G
グループを解除	Ctrl＋G	command＋Shift＋G
ページ追加	Ctrl＋Enter	command＋Enter
1pxずつ移動	矢印キー	矢印キー
10pxずつ移動	Shift＋矢印キー	shift＋矢印キー
定規の表示・非表示	Shift＋R	shift＋R
素材のロック・解除	Alt＋Shift＋L	option＋shift＋L
形・テキスト・素材の複製	Alt＋ドラッグ	option＋ドラッグ
背面に移動	Ctrl＋[	command＋[
前面に移動	Ctrl＋]	command＋[

素材配置

操作	Windows & Mac
テキスト入力	T
丸を作成する	C
四角を作成する	R
線を作成する	L

テキスト

操作	Windows	Mac
太字にする	Ctrl+B	command+B
斜体にする	Ctrl+I	command+I
下線をひく	Ctrl+U	command+U
フォントサイズを小さくする	Ctrl+Shift+<	shift+command+<
フォントサイズを大きくする	Ctrl+Shift+>	shift+command+>
左揃え	Ctrl+Shift+L	command+shift+L
中央揃え	Ctrl+Shift+C	command+shift+C
右揃え	Ctrl+Shift+R	command+shift+R
複数選択中の テキストボックスを中央揃え	Ctrl+Shift+J	command+shift+J
文字間隔を狭める	Ctrl+Alt+<	option+command+<
文字間隔を広げる	Ctrl+Alt+>	option+command+>
テキストスタイルのコピー	Ctrl+Alt+C	option+command+C
テキストスタイルのペースト	Ctrl+Alt+V	option+command+V
テキストの置き換え	Ctrl+F	command+F

POINT

背面の素材を選択するショートカットキー

Ctrl（command）+クリックは、重なった素材を選択できる便利なショートカットです。Ctrl+クリックを繰り返すとさらに背面にある素材を選択できます。

COLUMN

ブラウザ版とアプリ版の違い

Canvaにはブラウザ版とアプリ版があり、なにが違うの? どれを使えばいいの?と悩んでしまうかもしれません。ここでは簡単に、ブラウザ版とアプリ版の違いについて解説します。

ブラウザ版

ブラウザ版は、いつも使っているブラウザから利用でき、調べ物をしながら使うのに便利です。最新機能が追加されるのもブラウザ版のほうが早いことが多いです。Google Chrome、Microsoft Edge、Mozilla Firefox、Safariなどに対応。Canvaのすべての機能が使い慣れたいつものブラウザで利用できます。

アプリ版

アプリ版はデバイスに合わせてCanvaが使いやすくなるように工夫されていて、より作業に集中できます。パソコンのデスクトップアプリは、編集画面の見た目はブラウザ版とほとんど同じですが、すっきりとしたタブ表示で複数のデザインの確認もらくらく。タブを追加してすぐに新しいデザインを開くこともできますよ。

タブの「+」からすぐに新しいデザインを開けるのは、デスクトップアプリ版ならでは

第2章

素材の検索・取り込み・整理のワザ!

Canva

無料版 プロ版

Tips!

26 カテゴリーごとに素材を検索する

Canva内には1億点以上の素材があります。グラフィック、写真、動画など、さまざまなカテゴリーに分けられているので、カテゴリーごとに素材を探す方法を知りましょう。

検索した素材をカテゴリー別に表示する

無料版　プロ版

Tips! 27

色や向きを指定して素材を絞り込む

検索結果を絞り込めば、効率よく目的の素材を見つけることができます。カラーで絞り込んだり、切り抜き素材だけを絞り込んだりと、さまざまな項目から絞り込みが可能です。複数の項目を選択して、より絞り込むこともできるのでぜひ試してみてください。

素材のカラーで絞り込む

1 「素材」から素材を検索する

2 詳細アイコンをクリック

3 検索したいカラーをクリックする

MEMO

アイコンから、思い通りのカラーを指定することもできます。

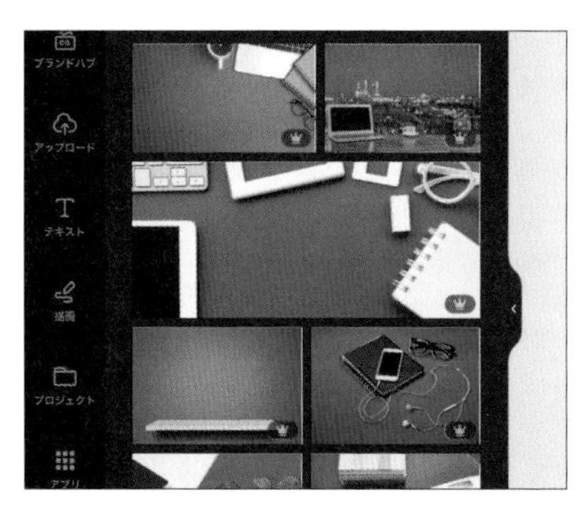

4 素材がカラーで絞り込まれる

素材の向きなどで絞り込む

素材の向きで絞り込む

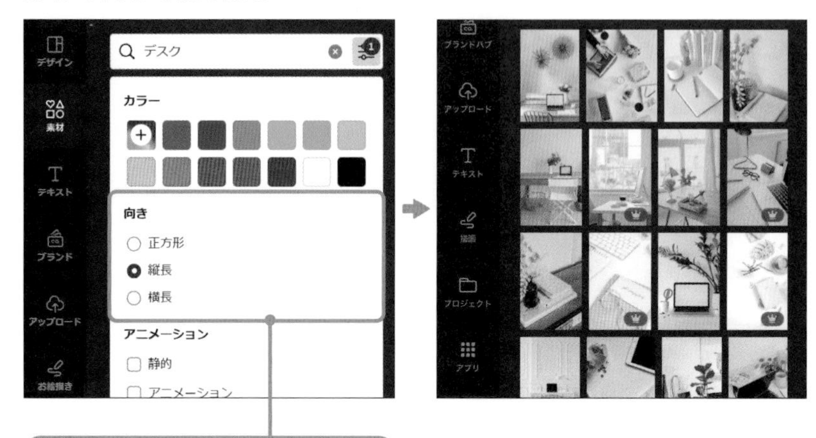

検索したい素材の向きを選択する
●正方形：縦横同じ比率の素材
●縦長：縦長の素材
●横長：横長の素材

アニメーションの有無で絞り込む

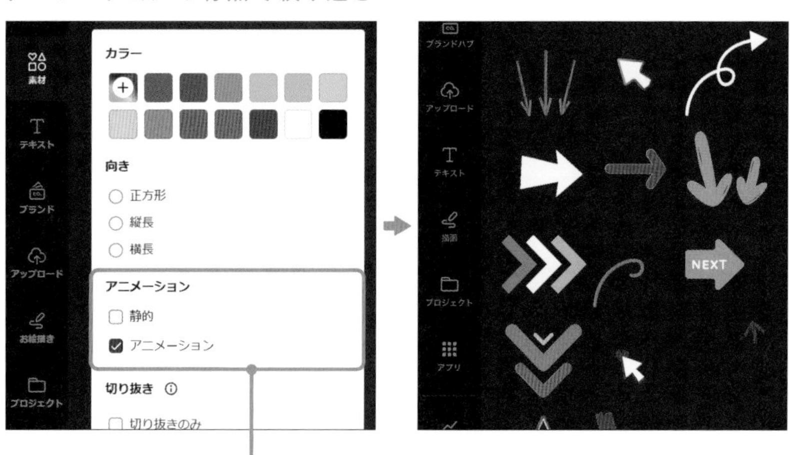

「静的」または「アニメーション」から選択する
●静的：動きのない素材
●アニメーション：動きのある素材（グラフィックの検索に適している）

切り抜き素材を絞り込む

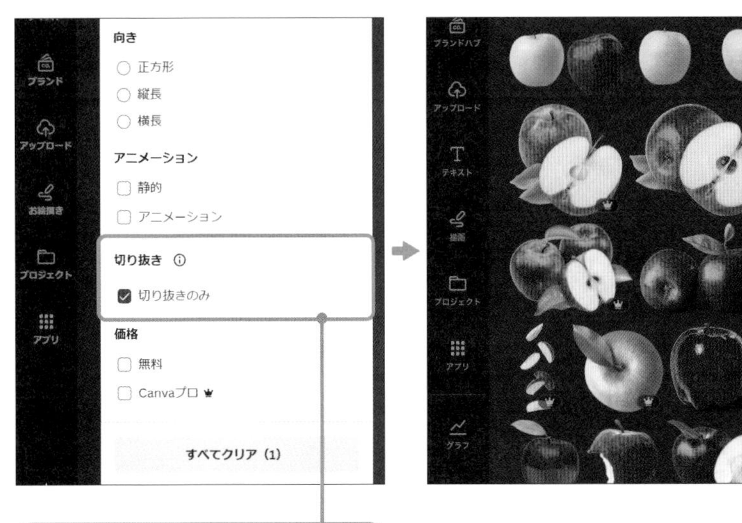

「切り抜きのみ」を選択すると、背景が透過された切り抜き写真のみ表示される（写真の検索に適している）

無料・有料で絞り込む（プロ版のみ）

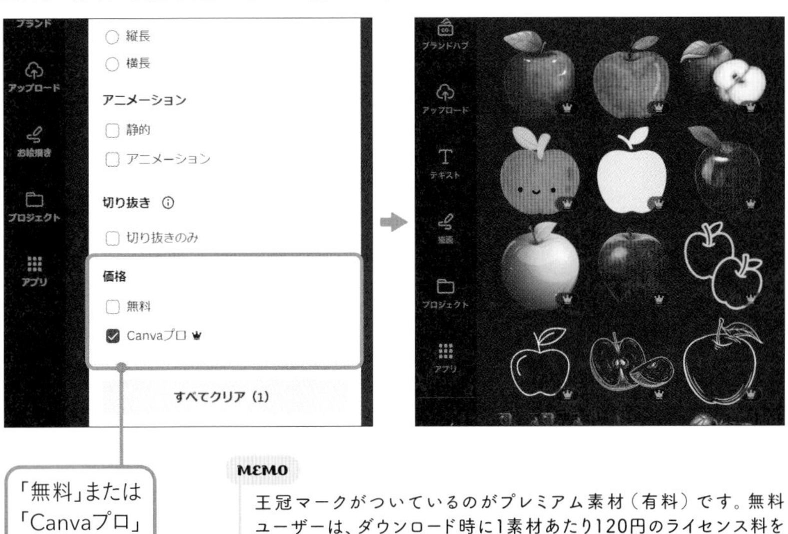

「無料」または「Canvaプロ」を選択する

MEMO

王冠マークがついているのがプレミアム素材（有料）です。無料ユーザーは、ダウンロード時に1素材あたり120円のライセンス料を支払うか、プロ版にアップグレードすることで使用できます。

Tips!

無料版 プロ版

28 Canvaアシスタントに素材を探してもらう

今デザインしているものに対して、次のアクションを提案してくれるのがCanvaアシスタントです。これを利用すると、さまざまな作業をショートカットできます。今回は、デザインをもとに、おすすめの素材や似た素材を表示する機能を使ってみます。

おすすめ素材を提案してもらう

①ページを選択した状態で、「Canvaアシスタント」をクリック

②デザインに合ったグラフィックや写真が表示される

③さらに見るには「すべて表示」をクリック

④おすすめの素材が表示される

MEMO

ページ全体だけではなく、文字・素材・写真などに対しても次のアクションが提案されます。もうひと工夫したい素材を選択してからCanvaアシスタントをクリックしてみましょう。

無料版 プロ版

気に入った素材に似た素材を探す

Canvaで素敵な素材を見つけたときには素材の詳細を確認してみましょう。Canvaには自動的に似ている素材をピックアップしてくれる機能があるので、同じようなテイストの素材を簡単に探すことができます。

似ている素材を表示する

① 素材を選択

② 詳細アイコンをクリック

③「似ているアイテムを表示」をクリック

④ 似たテイストの素材が表示される

MEMO
ここには別のクリエイターの素材も含まれます。

POINT 手順3が選択できない場合

手順3が選択できない場合は、サイドパネルの「素材」をクリックし、グラフィックや写真などの「すべて表示」→自動おすすめ機能の「すべて表示」をクリックすると、デザインに含まれる素材に似ている素材がピックアップされます。

無料版 プロ版

Tips! 30

同じクリエイターの素材を探す

Canvaではひとつの素材から、同じシリーズの素材（コレクション）を表示することができます。クリエイター名を調べることもできるので、お気に入りの素材をつくっているクリエイターを覚えておくのもいいですね！

同じクリエイターの素材を表示する

① 前ページと同じ手順で詳細アイコンから、ここをクリック

クリエイター・ブランド名

② その素材を作成したクリエイターによる素材一覧が表示される

MEMO

この検索窓から、クリエイターの素材の中から検索することもできます。

同じシリーズの素材を表示する

①先ほどと同じ手順で詳細アイコンから、「コレクションを表示する」をクリック

MEMO

コレクションとは、同じテーマ・テイストで作成された素材のセットのこと。コレクションが存在する素材のみ「コレクションを表示する」が選択できます。

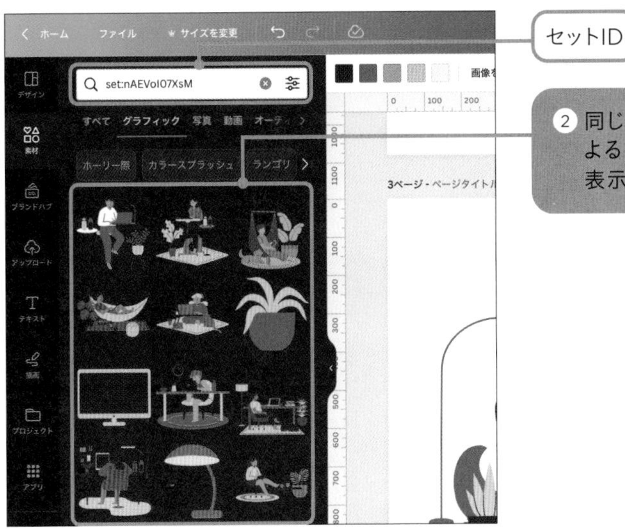

セットID

②同じクリエイターによるコレクションが表示される

POINT セットIDをメモすると便利！

コレクションにはセットIDが存在します。「set:」を含むIDを素材の検索窓に入力すると、コレクションが表示できるので、お気に入りのコレクションのセットIDはメモしておくと便利です。

Tips!

無料版 プロ版

31 背景に適した素材を探す

背景には写真を拡大して配置してもいいですが、それ以外にも「背景」という背景用の素材が用意されています。ワンクリックで背景に適用されるだけでなく、素材によってはカラーを変更することもできます。

背景用の素材を探す

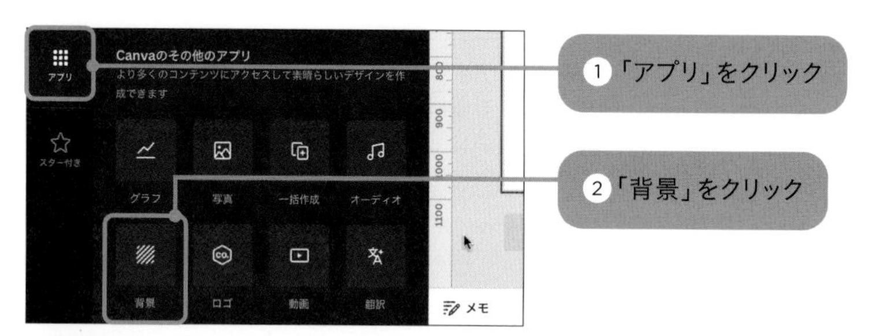

3 検索もしくは候補から選択する

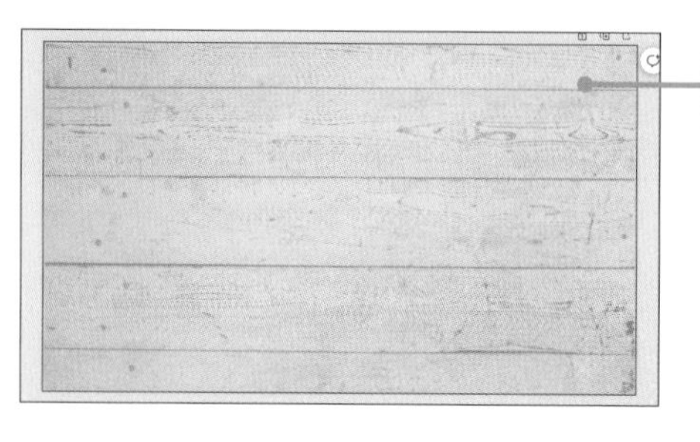

4 背景素材が取り込まれる

背景にカラーを加えてアレンジする

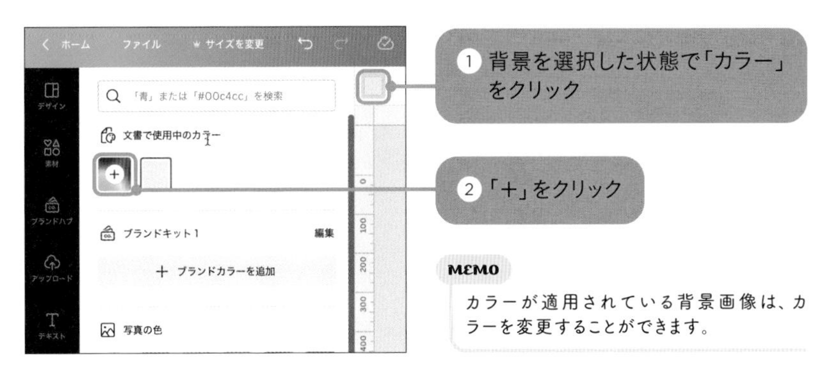

MEMO

カラーが適用されている背景画像は、カラーを変更することができます。

POINT

画像を背景に設定するには?

写真を右クリックして「画像を背景として設定」をクリックすると、写真が背景のサイズに拡大されます。ドラッグしても移動できなくなるので、作業中に背景を移動してしまうミスもなくなって便利です。

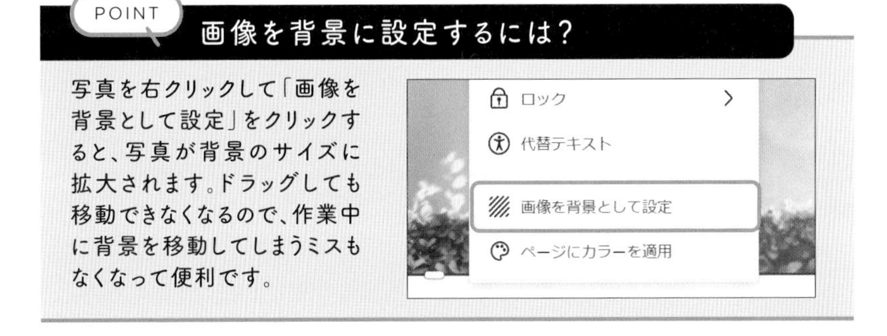

無料版 プロ版

Tips!

32 無料ストックサービスの写真・イラストを探す

Canvaにはたくさんの無料で使える写真やイラストが用意されていますが、アプリを使うことで別のサービスの無料写真やイラストも使用することができます。無料でCanvaを使用している人にもうれしい機能です。

Pixabayのストック写真を検索する

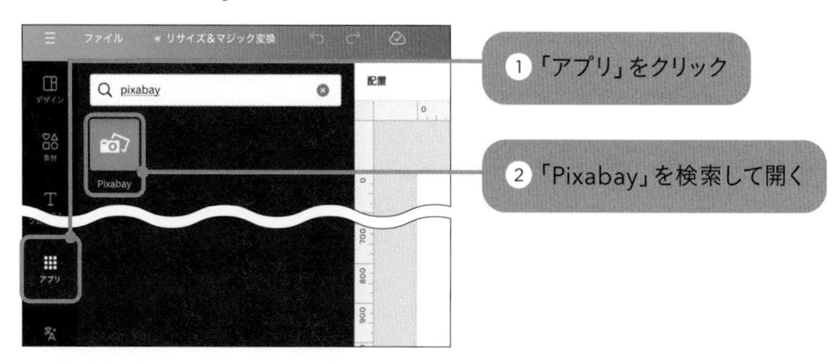

3 探したい画像を検索する

4 画像をクリックするとページに配置される

MEMO

Pixabayは、無料で100万枚以上の写真が利用できるストック写真サービスです。

POINT

Pexelsから検索する

別のストック写真サービス「Pexels」も「アプリ」から呼び出して利用できます。こちらにも多くの写真が用意されています。

イラストやアニメーション素材を探せるアプリ

前ページ手順1 ～ 2の方法で、イラストやアニメーション素材を探せるアプリを使うこともできます。

Stipop

かわいいキャラクターのイラストが多いです

Ikonik

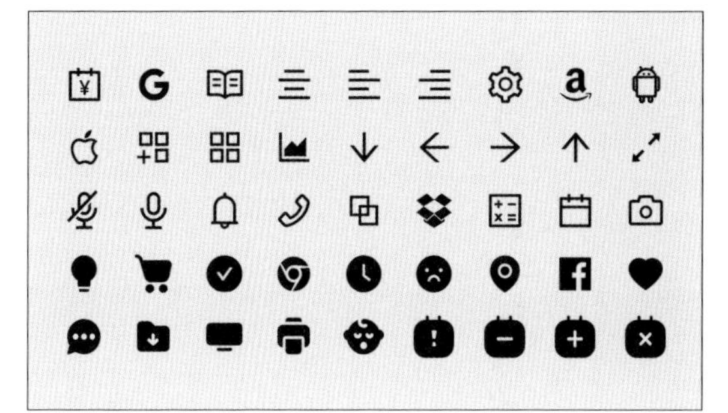

テイストの揃ったシンプルなアイコンを利用できます

LottieFiles

アニメーション素材を検索できます。カラー変更も可能です

Tips! 無料版 プロ版

33 有名企業のロゴ・カラーを探す

「Brandfetch」というアプリを利用すると、企業やサービスのロゴやコーポレートカラーなどの情報をまとめて探すことができます。デザインにロゴが必要になったときに便利です。ただし、ロゴ等の無断使用には注意して利用しましょう。

Brandfetchから探す

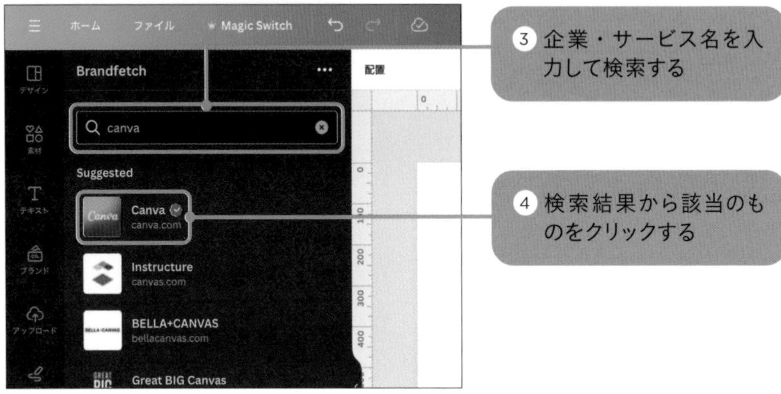

Canva
canva.com
Logos
Colors
Images
テキスト
ブランド
アップロード
5 「Logos」をクリックするとロゴが表示される
6 各ロゴをクリックすると、カラー変更可能な素材としてページに配置される

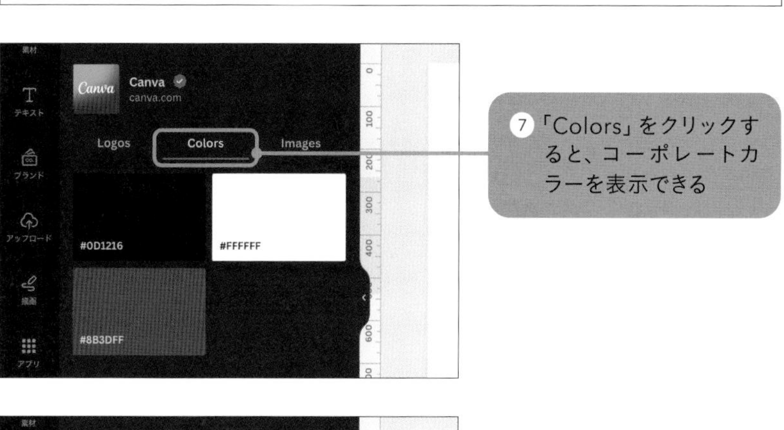
Canva
canva.com
Logos
Colors
Images
テキスト
ブランド
アップロード
#0D1216
#FFFFFF
#8B3DFF
7 「Colors」をクリックすると、コーポレートカラーを表示できる

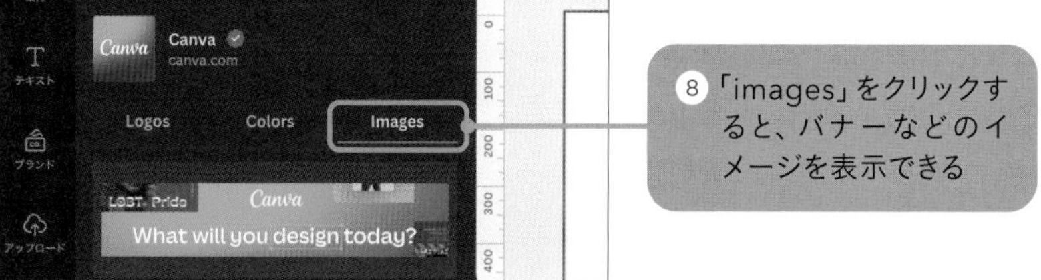
Canva
canva.com
Logos
Colors
Images
テキスト
ブランド
アップロード
What will you design today?
8 「images」をクリックすると、バナーなどのイメージを表示できる

無料版　プロ版

Tips! 34

写真をアップロードする

Canva内の素材だけではなく、自分で撮影した写真などをCanvaにアップロードして使用することができます。操作はカンタンで、ファイルをCanva上にドラッグするだけ。アップロードした素材はCanva内に保存されます。

写真をアップロードする

MEMO

「アップロード」画面の「ファイルをアップロード」をクリックしてもアップロードできます。

アップロード済みの写真を開く

デザイン編集画面から開く

「アップロード」をクリックし、アップロード済みの画像を表示する。この画面でクリックするとページに取り込める

ホーム画面から開く

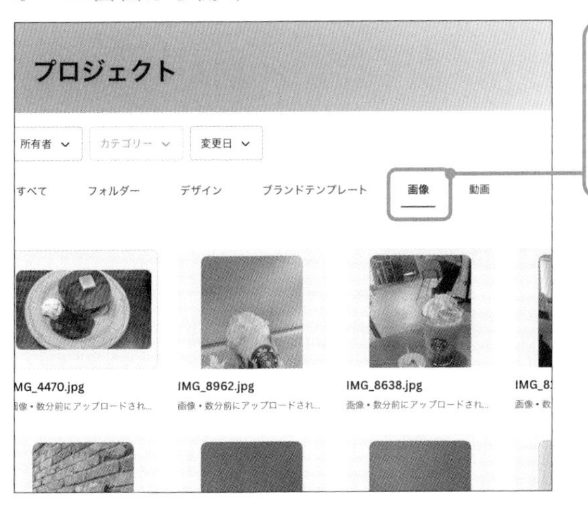

ホーム画面の「プロジェクト」→「画像」をクリックする。写真をクリックすると画像編集をすることも可能

POINT　アップロード可能なデータサイズと保存容量

Canvaは1ファイルにつき25MB未満のJPG、PNG、HEIC、HEIF形式などの画像ファイルに対応しています。また、無料版は5GBまで、プロ版は1TBまでの容量内でアップロードが可能です。

無料版 プロ版

InstagramやFacebookの写真を使う

写真はCanvaに直接アップロードするだけではなく、SNSにアップされた写真や動画を連携して利用することができます。SNSではFacebook・Instagramに対応しています。ここではInstagramを例に説明します。

Instagramの写真を取り組む

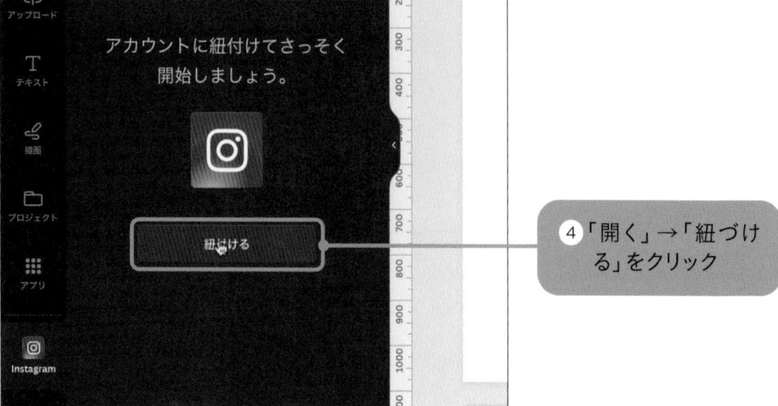

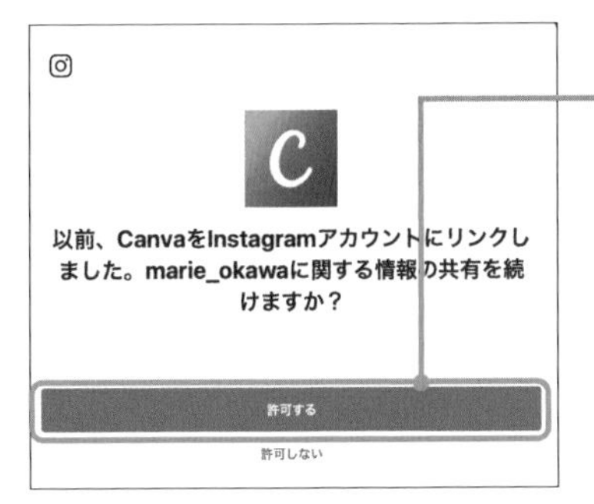

5 すでにログイン済みであれば「許可する」をクリック

MEMO
連携するサービスによって表示内容は異なります。画面の指示に従ってログインし、連携を許可してください。

6 Instagramにアップした画像（フィード投稿の1枚目）と、動画（リール）が表示される

7 クリックするとページに追加できる

POINT 次回はInstagramアイコンからアクセスできる

Canvaでは、アプリを使うとサイドパネルにアイコンが表示されるようになっています。今回のInstagramアプリもアイコンが表示されるので、次回からは「Instagram」アイコンをクリックして簡単にアクセスすることができます。

Tips!

無料版 プロ版

36 クラウドストレージの写真を取り込む

大切な写真をGoogleドライブ・Dropbox・Boxなどのクラウドストレージ上に保存している方も多いのではないでしょうか。アプリを使って、これらのクラウドから画像を取り込みましょう。ここでは、Googleドライブを例に解説します。

Googleドライブから写真を取り込む

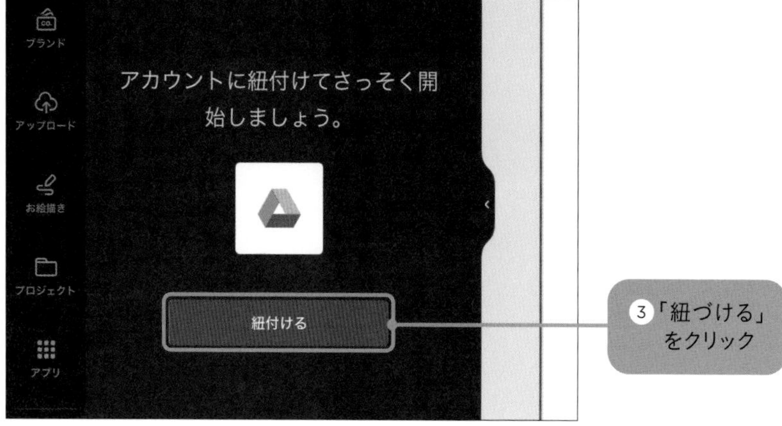

④ Googleアカウントを選択し、画面に従って操作する

⑤ Googleドライブのフォルダーや写真が表示される

⑥ 使用したい写真をクリックしてページに配置する

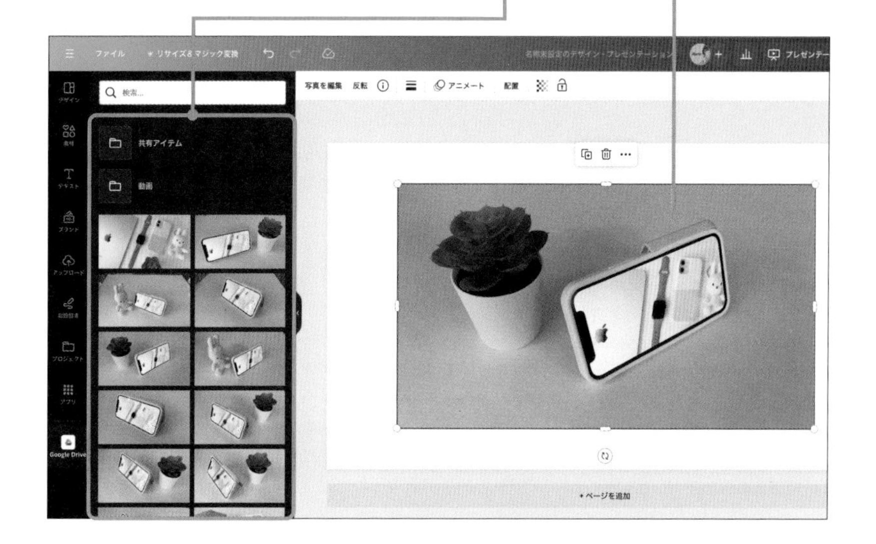

POINT アプリに紐づけたアカウントを解除したいとき

ホーム画面の右上の「設定」（歯車アイコン）→「お客様のアカウント」→「Canvaに紐付け済みのアプリ」から、アプリの接続を解除することができます。

Canvaに紐付け済みのアプリ

Dropbox	接続を解除
Facebook	接続を解除
Google	接続を解除

無料版 プロ版

Tips!

過去に作成したデザインから素材を使う

デザインを作成している途中で、「この前作ったデザインから一部を使いたいな」と思うことありませんか？作業中でも、スムーズに過去に作成したデザインを呼び出して使用することができます。

過去のデザインを呼び出す

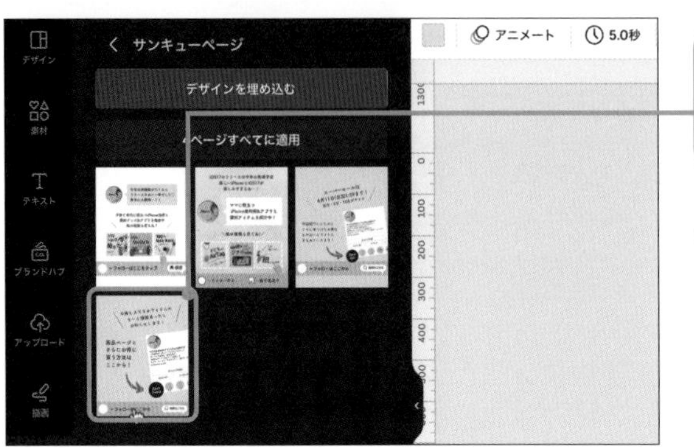

④ 使用したいページをクリックすると配置される

MEMO

必要な部分をコピーするなどして利用しましょう。

無料版 プロ版

お気に入りの素材にスターをつけて保存する

よく使う素材を毎回検索するのが大変というときは、スターをつけておくと便利です。いわゆるお気に入り機能のように、スターをつけた素材をまとめて確認できるので、すぐに表示させることができます。

素材にスターを付けて保存する

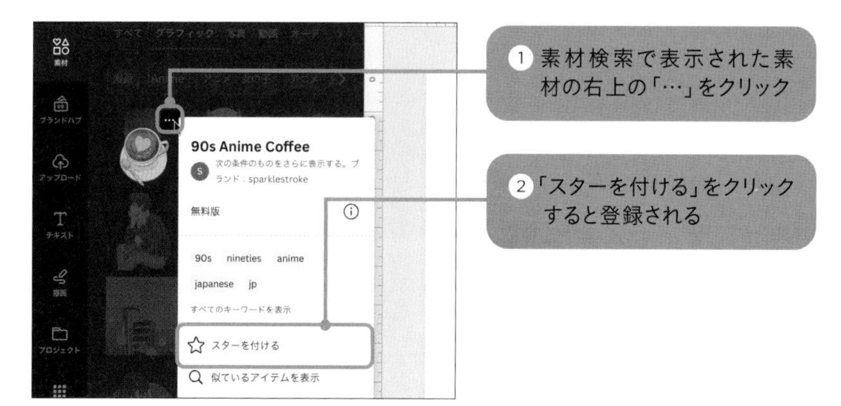

①素材検索で表示された素材の右上の「…」をクリック

②「スターを付ける」をクリックすると登録される

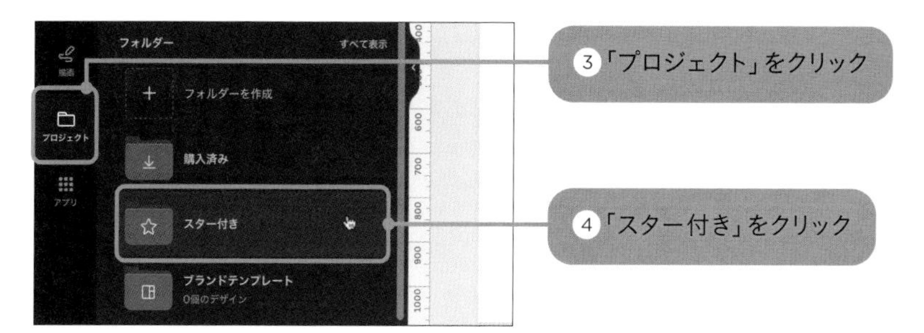

③「プロジェクト」をクリック

④「スター付き」をクリック

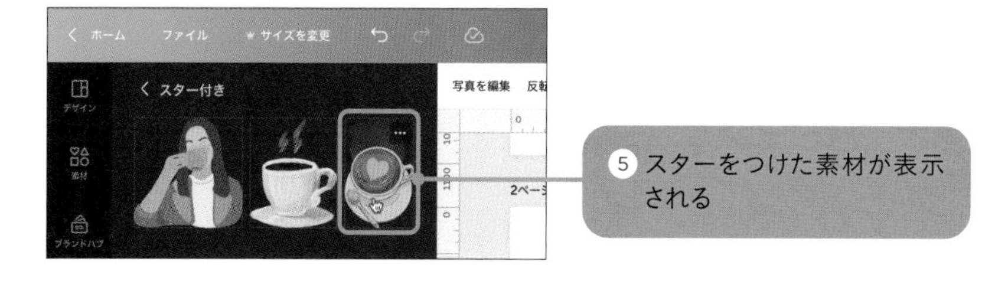

⑤スターをつけた素材が表示される

Tips! 無料版 プロ版

39 アップロード素材を見つけやすくする

Canvaを長く使っていると、過去にアップしたはずの画像を探したいのに見つからなかったり、時間がかかったりすることがあります。そうならないために、わかりやすい名前をつけることで素材の検索がしやすくなります。

アップロード素材の名前を変える

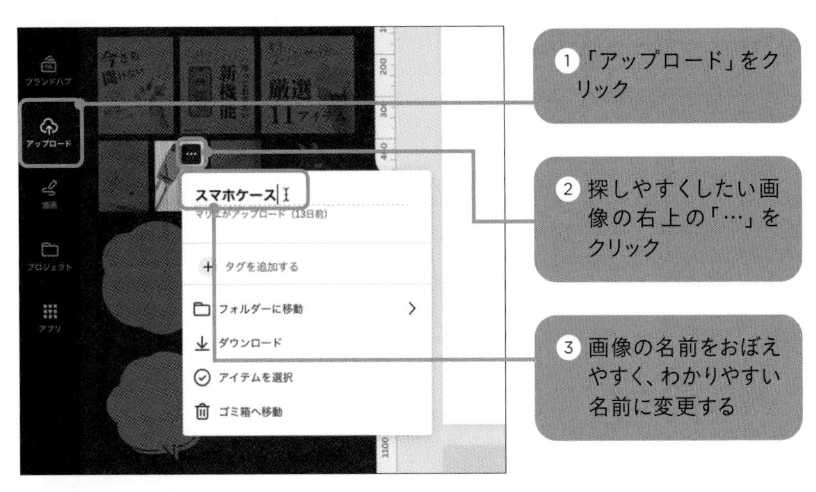

Tips! 40

無料版 プロ版

フォルダーでアップロード素材を整理する

自分でアップロードした素材で、よく使うものはプロジェクト内のフォルダーに保存することができます。スムーズに素材を探せるように整理しておきましょう。

アップロード済みの素材をフォルダーに移動する

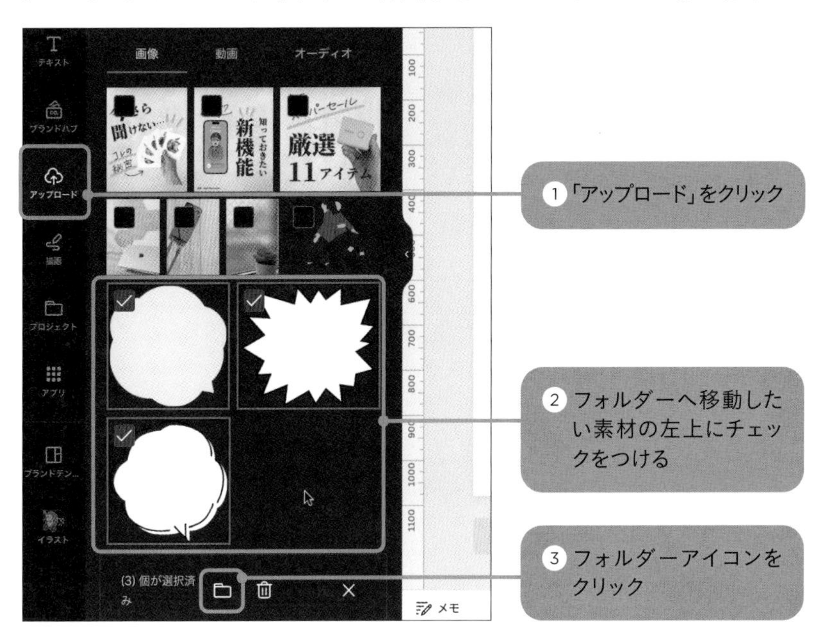

1「アップロード」をクリック

2 フォルダーへ移動したい素材の左上にチェックをつける

3 フォルダーアイコンをクリック

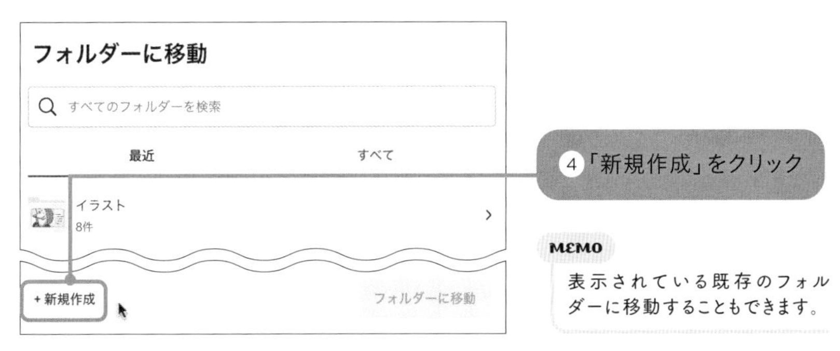

4「新規作成」をクリック

MEMO
表示されている既存のフォルダーに移動することもできます。

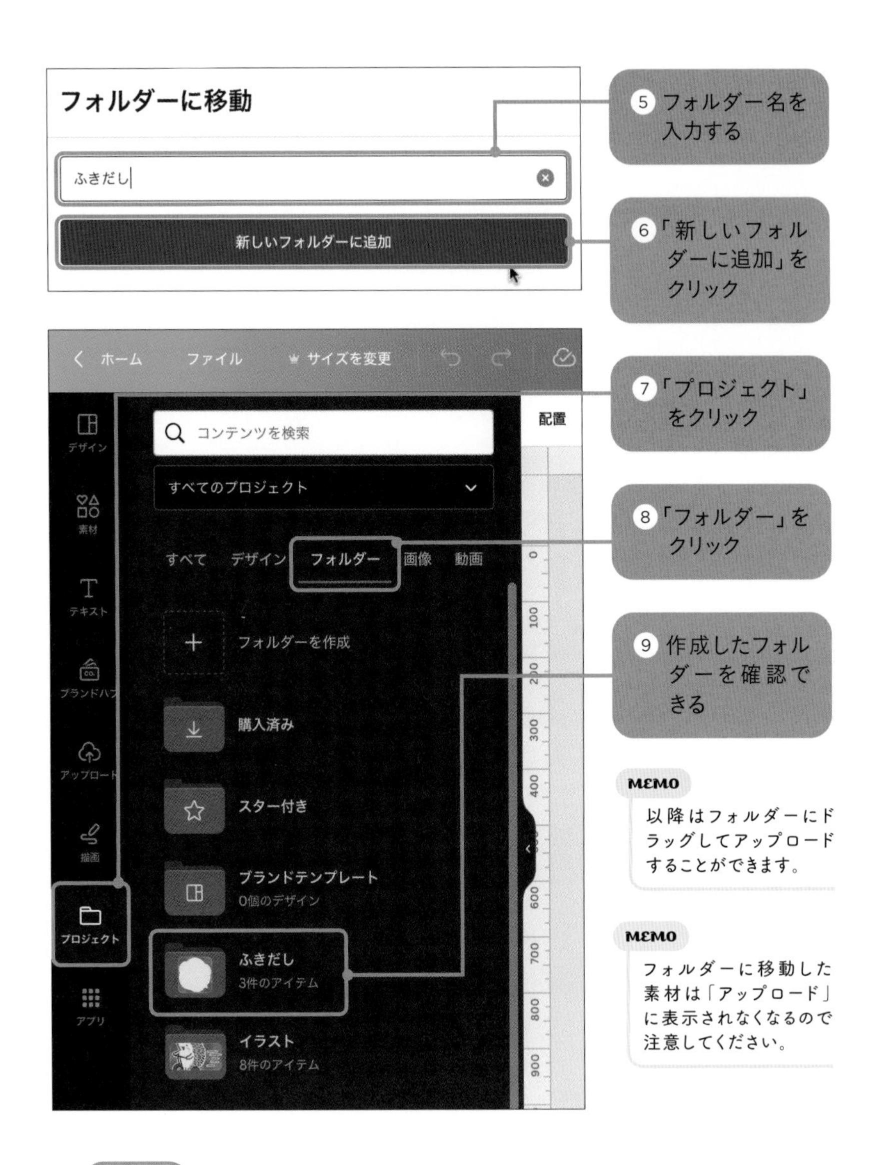

MEMO

以降はフォルダーにドラッグしてアップロードすることができます。

MEMO

フォルダーに移動した素材は「アップロード」に表示されなくなるので注意してください。

POINT

フォルダーで過去のデザインを整理する

サイドパネルで「プロジェクト」をクリックし、デザインの左上にチェックをつけると、手順3以降と同じ操作でフォルダーにデザインをまとめられます。Canvaを使っていくうちにさまざまなデザインがたまっていくので、定期的に整理すると作業がよりスムーズになりますよ。

第3章

グラフィックのデザインワザ!

Canva

無料版 プロ版

41 図形を使いこなす

Canvaにはよく使うシンプルな図形素材が用意されています。罫線の種類や色も変更できて、角の丸みも調整できるので、さまざまなアレンジが可能です。プレゼンに使う図解やチャート、デザインのあしらいをつくるのにもとても便利です。

図形を拡大・縮小・回転する

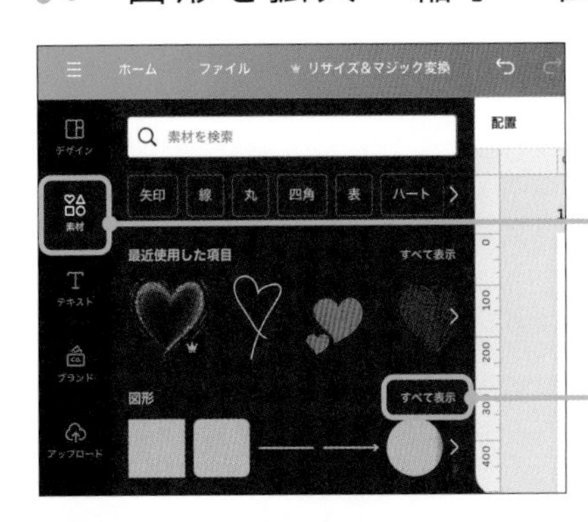

1「素材」をクリック

2「図形」の「すべて表示」をクリック

3 好きな図形をクリックして、ページに配置する

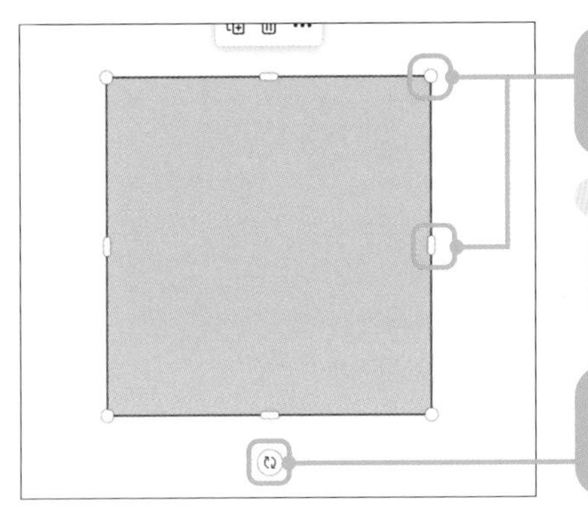

4 図形の辺や角をドラッグして大きさを変更する

MEMO

Shiftキーを押しながら図形の角をドラッグすると、縦横の比率を変えずに拡大・縮小できます。

5 回転マークをドラッグして角度を変更する

塗りの色を選択する

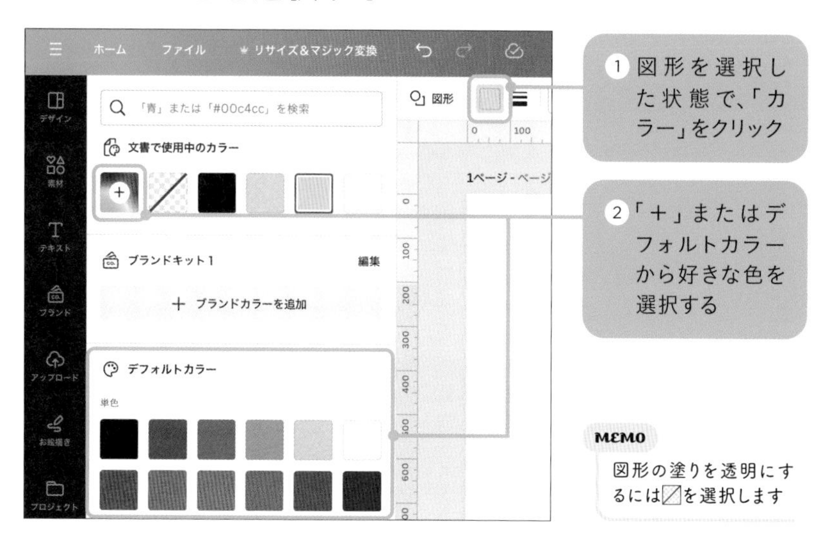

MEMO

図形の塗りを透明にするには▨を選択します

枠線の種類や角の丸み、色を設定する

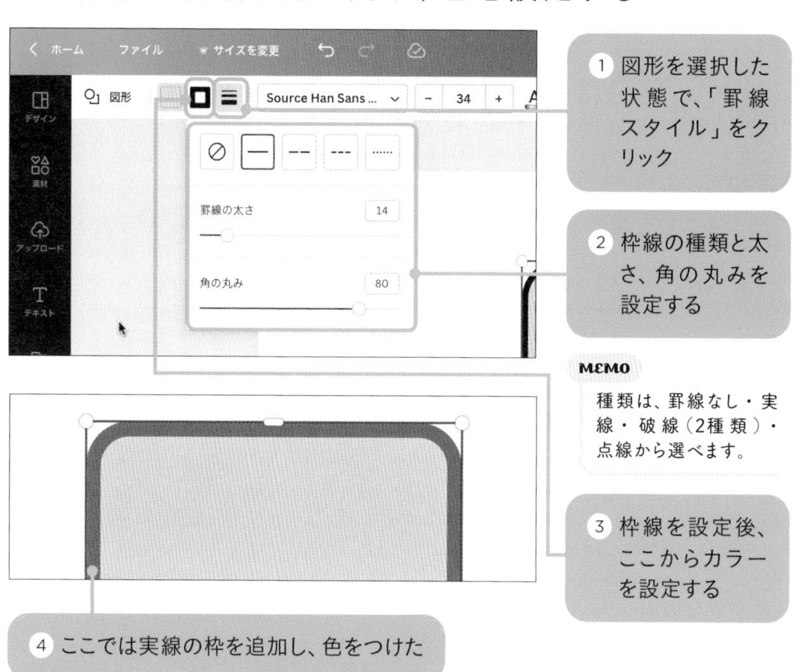

MEMO

種類は、罫線なし・実線・破線（2種類）・点線から選べます。

無料版 プロ版

Tips!

線と矢印を使いこなす

図形の中に用意されている「ライン」を使うと線を配置することができます。点線など線のスタイルや、太さ、カラーなどを設定できるほか、始点・終点を矢印に変更することも。いろいろな線にカスタマイズして使ってみましょう。

線の色を選択する

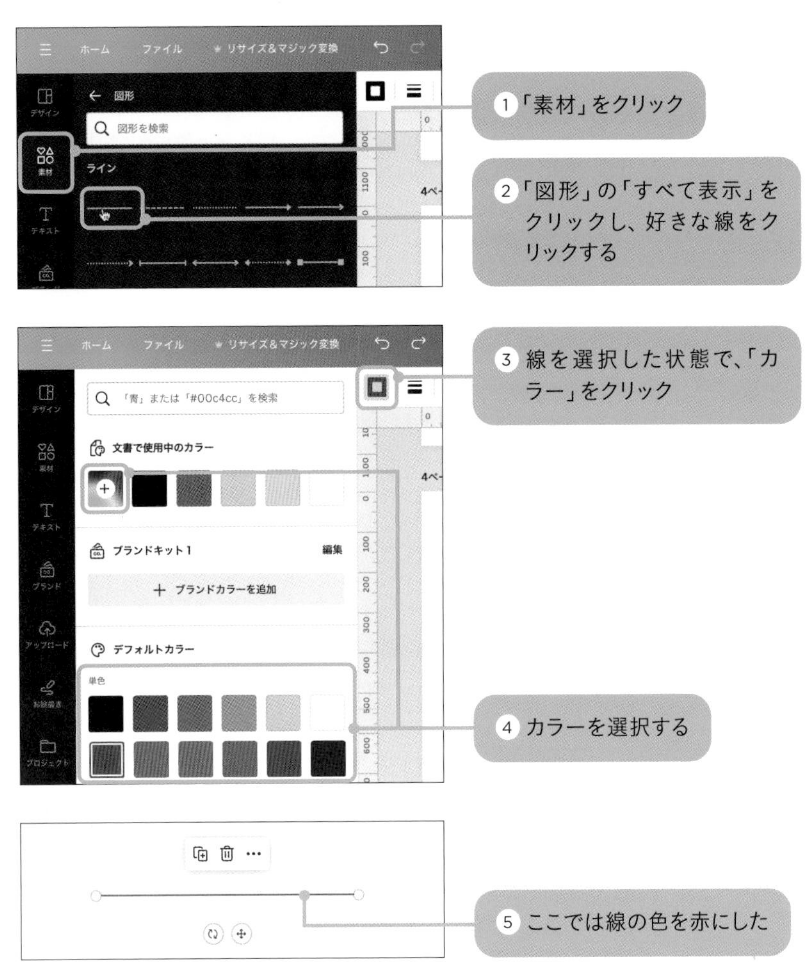

線のスタイル・終点・太さを選択する

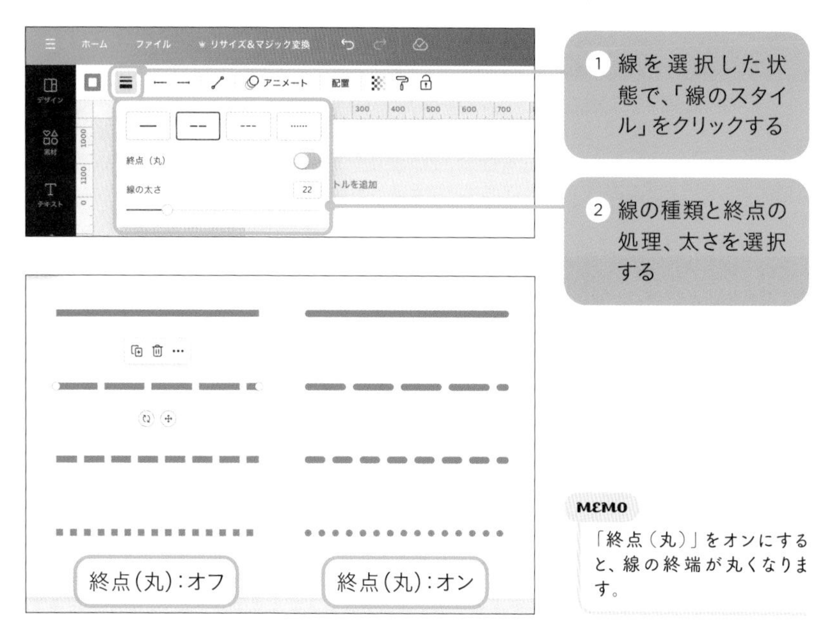

1 線を選択した状態で、「線のスタイル」をクリックする

2 線の種類と終点の処理、太さを選択する

MEMO

「終点（丸）」をオンにすると、線の終端が丸くなります。

始点・終点を矢印にする

1 線を選択した状態で、「線先」または「線末尾」をクリックする

2 好きな形を選択し、始点または終点の形を変更する

Tips!

無料版 プロ版

43 線でリンクした図をつくる

図形と線をつないで、図解・チャート・マインドマップなどを作成することができます。方法は、線をドラッグして表示されるポイントに接続するだけ。線の種類を選んで変形させることで、より見やすい図がつくれますよ。

図形と線をリンクする

① 2つ以上の図形と、線を配置しておく

② 線の端点をドラッグして図形に近づけると、丸いポイントが表示されるのでドロップ

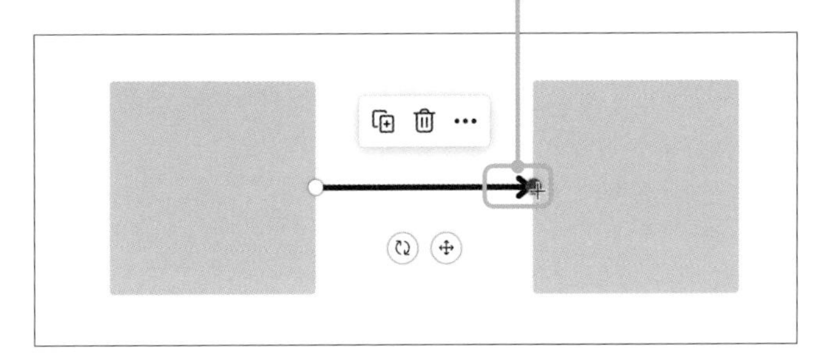

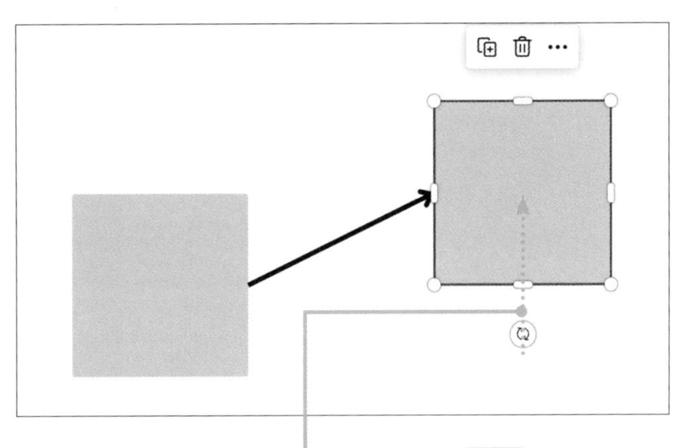

③ 図形と線がリンクし、図形を移動すると線も一緒に移動する

MEMO

ポイントは図形上の5つの箇所に表示されます。それぞれの箇所にリンク可能です。

ラインタイプを変更する

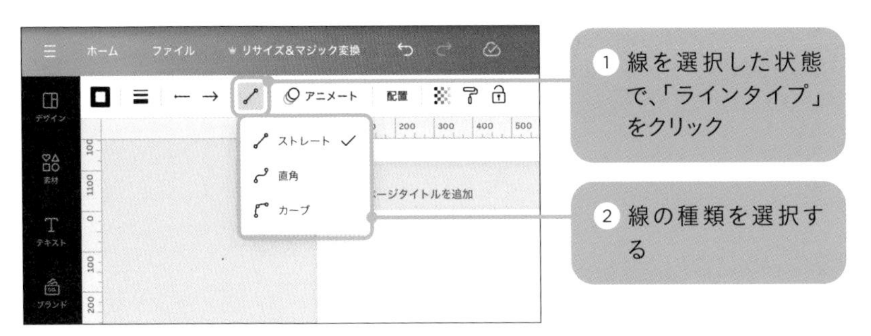

1 線を選択した状態で、「ラインタイプ」をクリック

2 線の種類を選択する

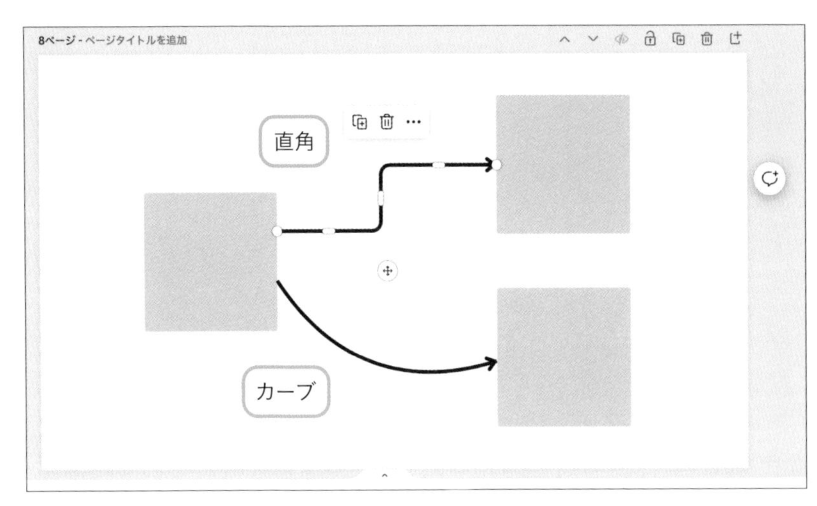

3 直角やカーブに変更できた

MEMO

直角・カーブの形は、ポイントをドラッグして変形させることができます。

POINT　図形と線を結合させたくない場合は？

ポイントに接続せずに自由な位置に線を引きたいときは、Ctrl（command）キーを押しながらドラッグします。

無料版 プロ版

透明度を変更して透け感のあるデザインをつくる

素材や写真の透明度を調節することで、トレーシングペーパーを重ねたような透け感のあるデザインを作成することができます。軽やかさや、透明感を表現することもできるので、ぜひ取り入れてみましょう。

図形を半透明にする

① 透明度を変更したい素材を選択する

②「透明度」をクリック

③ スライダーか数値で、透明度を調整する

POINT 写真やテキストの透明度を変える

透明度は図形だけではなく、写真、背景、テキスト、動画などにも適用させることができます。

無料版 プロ版

自由に色変更できるSVG素材を使う

Canva以外の素材サイトから画像をダウンロードして使用したいとき、SVG形式で保存すると便利です。Canvaにアップロードすると、色が変更できる素材として利用することができます。

SVG素材をダウンロードする

① 今回はおしゃれなフキダシが揃っている「フキダシデザイン」(https://fukidesign.com)を開く

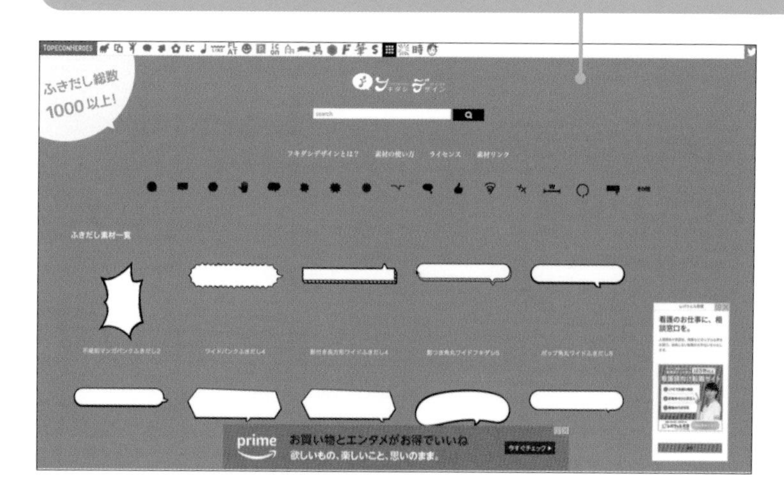

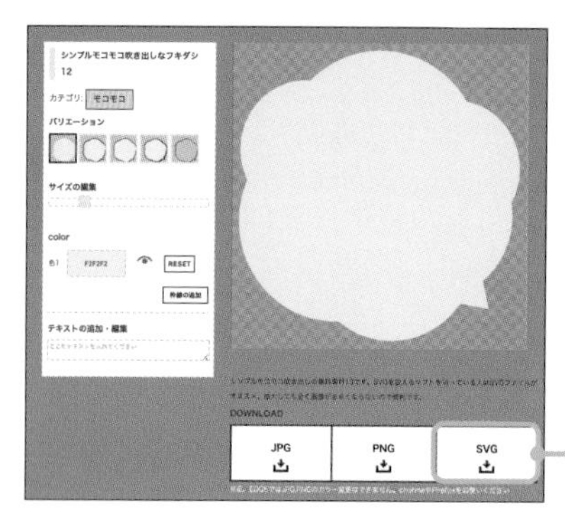

② ダウンロードしたい素材を選び、「SVG」をクリックしてダウンロードする

Canvaにアップロードして色を変える

1 ダウンロードしたSVG素材を、Canvaにドラッグしてアップロードする

2 画像を選択した状態で、「カラー」をクリック

3 好きな色を選択する

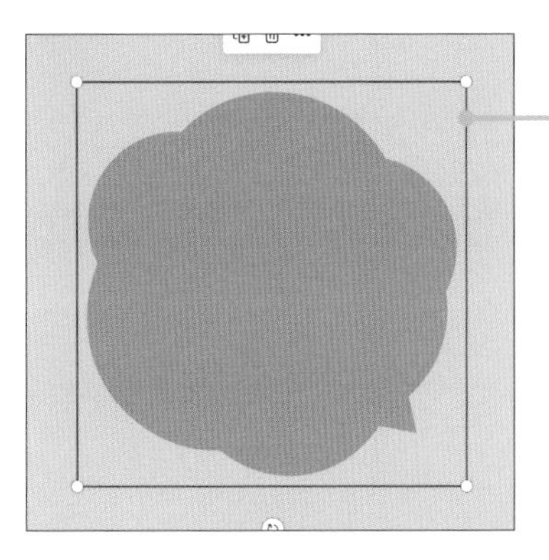

4 SVG素材の色が変更される

MEMO

データによっては、うまく色変更ができない場合もあります。

POINT　SVG形式でダウンロードできるおすすめサイト

・ICOOON MONO（https://icooon-mono.com/）
　シンプルで使いやすいアイコンを使用したいときにおすすめです。
・unDraw（https://undraw.co/illustrations）
　シンプルな人物のフラットイラスト。ビジネスにも利用できそうです。

無料版 プロ版

IllustratorやPhotoshopのファイルを開く

Canvaでは、Adobe Illustrator(.ai形式)やAdobe Photoshop(.psd形式)のファイルを開くことができます。ファイルの中身を確認したり、かんたんな編集をしたりするときに便利です。ここでは例として.ai形式のファイルを開きます。

.ai形式のファイルを開く

① ホーム画面に、.ai形式のファイルを直接ドラッグする

② アップロードされたファイルをクリック

③ .ai形式のファイルが表示される

MEMO

レイヤー別に編集したり、テキストを編集したりできます(レイヤーがうまく分かれない場合があります)。ただし、.ai形式や.psd形式で書き出すことはできません。

PDFを開いて編集する

修正したい制作物があるけど、PDFしかデータがない……。そんなときはCanvaでPDFを開いてみましょう。ほかのアプリでつくられたデザインも、文字を書き換えたり、画像を差し替えたりと、Canvaで編集できる場合があります。

PDFを編集する

1 ホーム画面にPDFファイルを直接ドラッグする

2 アップロードされたファイルをクリック

3 PDFファイルが開く

MEMO

Canvaにないフォントの場合、別のフォントに置き換わることがあります。

4 要素ごとに編集する

MEMO

編集したPDFは、P.264の方法でPDF形式でダウンロードできます。

無料版 プロ版

おしゃれなQRコードをつくる

チラシや画像に自分のSNSやホームページなどを掲載したいときに、QRコードがあるとアクセスしやすくて便利です。Canvaではアプリを使ってかんたんにQRコードをつくることができます。

QRコードを作成する

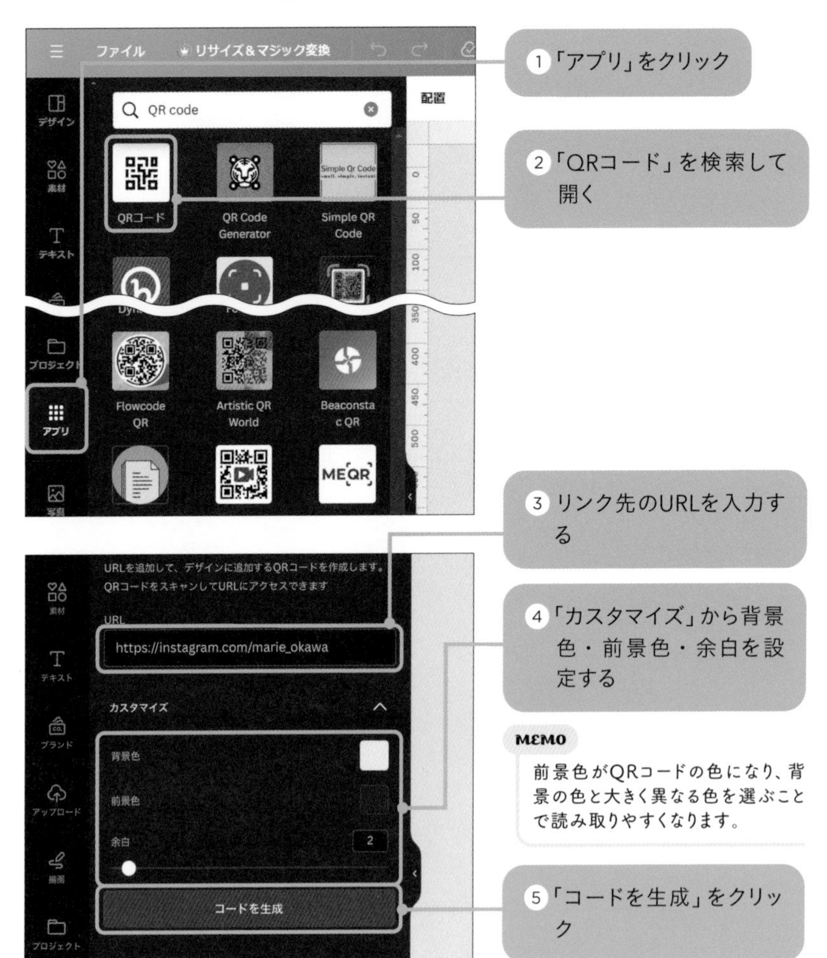

MEMO

前景色がQRコードの色になり、背景の色と大きく異なる色を選ぶことで読み取りやすくなります。

⑥ QRコードが作成される

デザイン性のあるQRコードをつくれるアプリ

Artistic QR World

英語でかんたんなイメージを入力すると、背景画像入りのQRコードが作成できる（回数制限なし）

Hello QArt

テキストを入力して、QRコードに融合した画像を生成できる（1日の回数制限あり）

Dynamic QR Codes

テンプレートからアレンジしてロゴ入りのQRコードを作成できる（アカウント連携することでアクセス解析やリンク先の変更ができる）

無料版 プロ版

YouTube動画を埋め込む

Canvaで作成するプレゼンテーションやWebサイトに、YouTubeの動画を埋め込むことができます。操作は「Youtube」アプリからタイトルやアカウント名で検索するだけ。埋め込んだ動画は、クリックで再生することができます。

YouTube動画を埋め込む

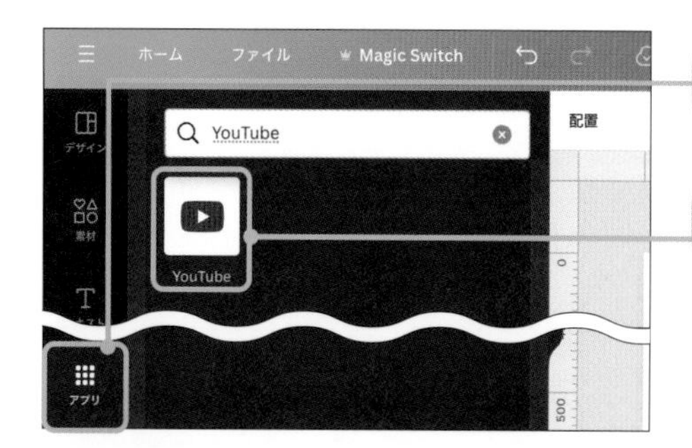

1「アプリ」をクリック

2「YouTube」を検索して開く

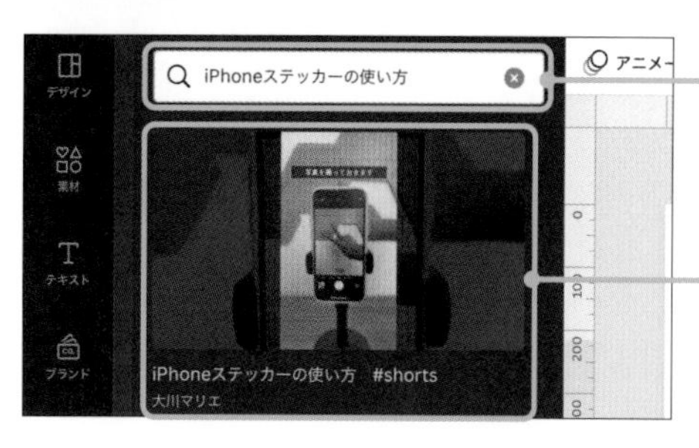

3 キーワード・チャンネル名などで動画を検索する

4 サムネイルをクリック

5 ページに配置される

MEMO

動画の埋め込みは、プレゼンテーションやWebサイトなどで活用することができます。

無料版　プロ版

Googleマップを埋め込む

Googleマップのアプリを使って、デザインにマップを埋め込むことができます。プレゼンテーションやWebサイトとして公開すると、地図を拡大したり、ルート検索したり、見る人もより便利に利用することができます。

Googleマップを埋め込む

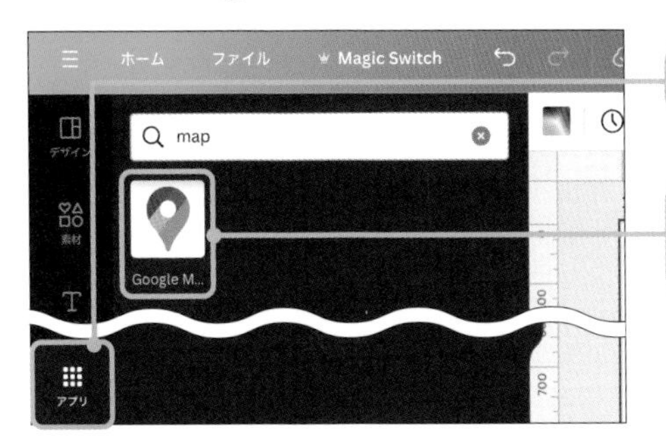

1「アプリ」をクリック

2「Google Maps」を検索して開く

3 住所やスポット名で検索する

4 サムネイルをクリック

5 ページに配置される

無料版 プロ版

お絵描きツールで手書きの図を描く

描画ツールを使用すると、デザインに手書きの図やメモなどを書き込むことができます。描いた図は色を変更したり、大きさを変えたりすることもできます。

お絵描きツールの種類

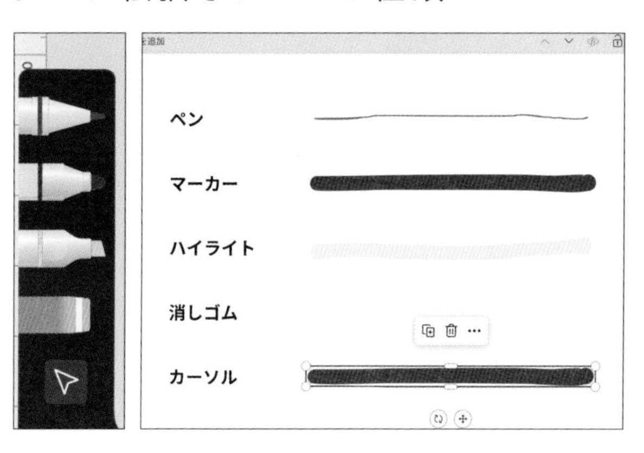

- ペン：細めの線が描ける
- マーカー：太めの線が描ける
- ハイライト：太めで半透明の線が描ける
- 消しゴム：描いた線をクリックして削除できる
- カーソル：描いた線をクリックして選択・移動・拡大縮小などができる

ペンで自由に描画する

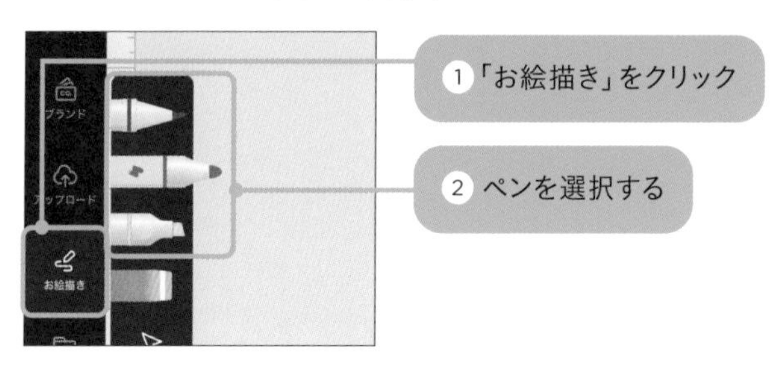

1「お絵描き」をクリック

2 ペンを選択する

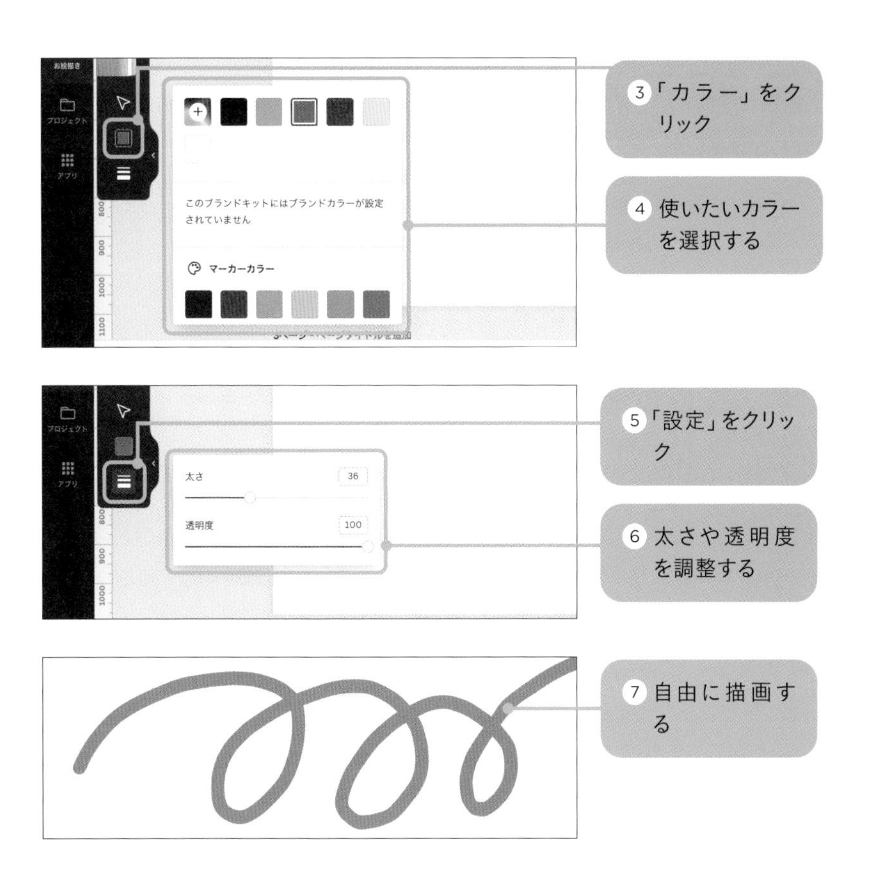

描画した図を編集する

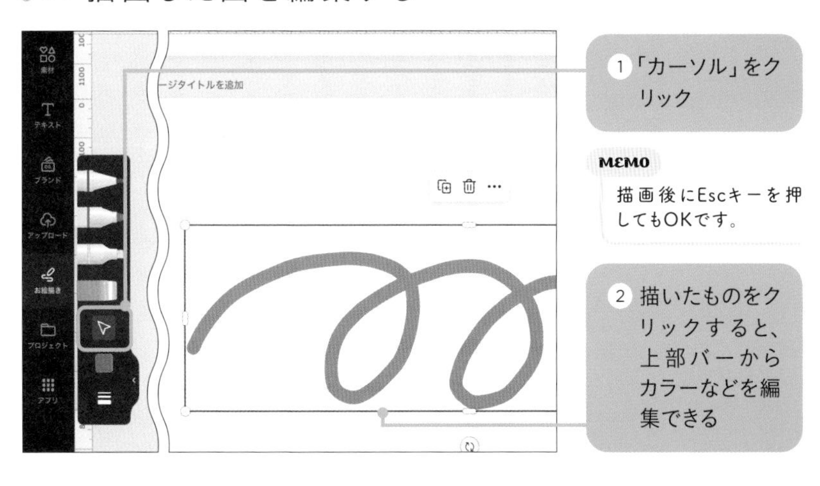

MEMO

描画後にEscキーを押してもOKです。

第3章 グラフィックのデザインワザ！

お絵描き機能

無料版 プロ版

手書きの図をきれいな線にする

手書きで丸や四角などを描いたとき、ガタガタしてしまうのが気になることがありますよね。そんなときは、図を描いたあとに少し静止してみましょう。きれいな図形に整います。ハート型や矢印などさまざまな図形に対応しています。

きれいな図形に変換する

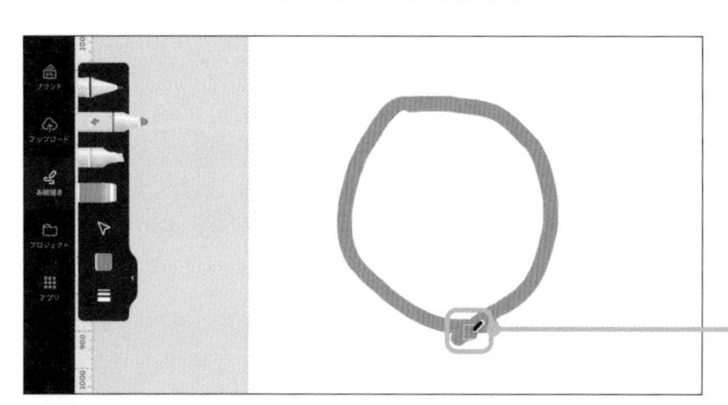

1 P.96の方法でペンを選択する

2 図形を描き終わったところでボタンを押したまま1秒静止する

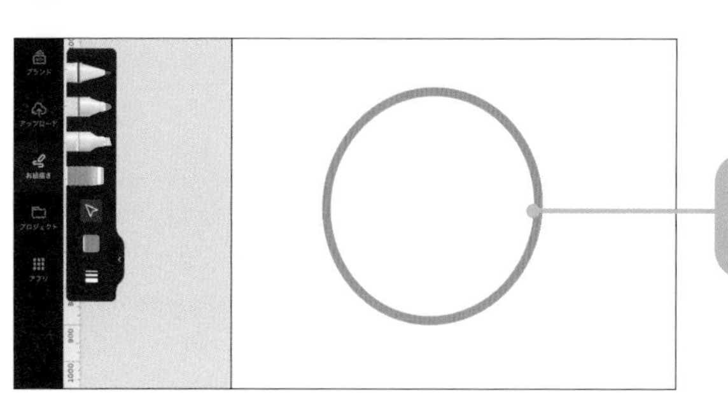

3 整った図形に変化する

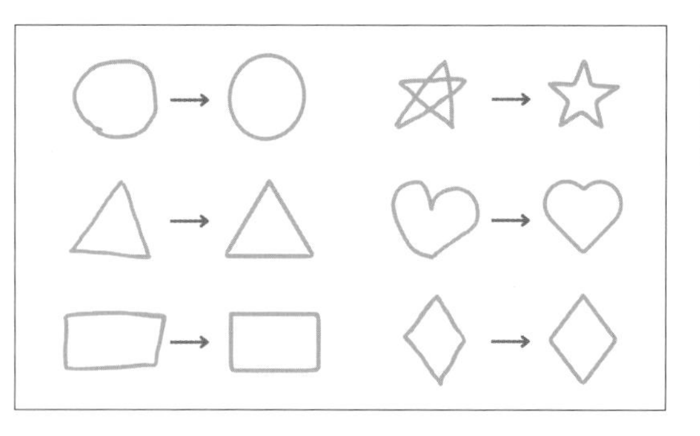

4 ほかにも、いろいろな図形に整えることができる

無料版 プロ版

ペンでアイコンに色を塗る

意外な使い方ですが、アイコンに色をつけたいときにもお絵描きツールが便利に使えます。アイコンの上から色を塗って、レイヤーを調整するとオリジナルカラーのアイコンのできあがり。お子さんとCanvaで塗り絵を楽しむのも面白いかもしれませんね。

線画アイコンに色を塗る

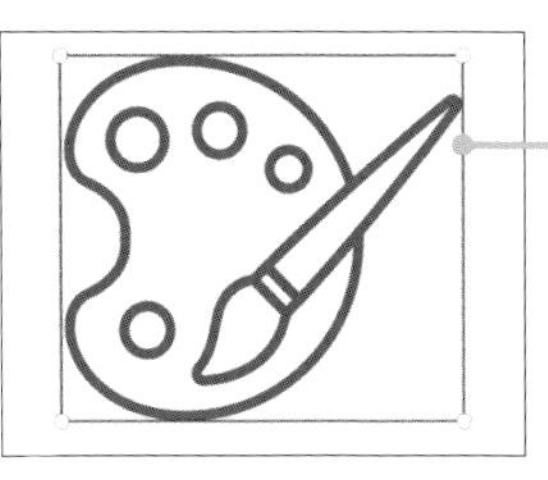

1 サイドパネルの「素材」から線画のアイコンを探して配置する

2 P.96～97の方法で、アイコンの上から色を塗る

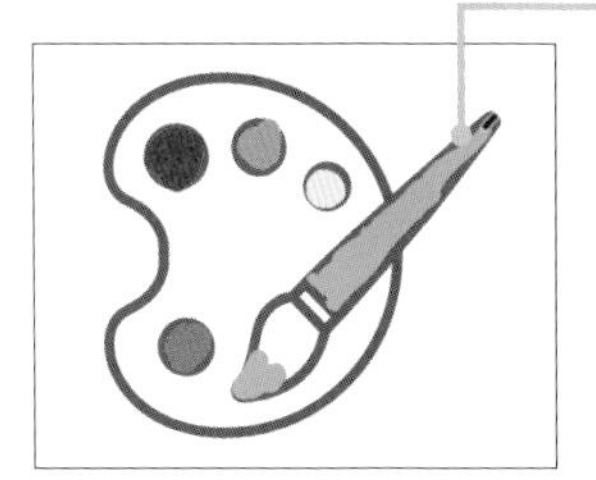

MEMO

わざとはみ出したりずらしたりしても、かわいくなりそうです。

3 アイコンを選択した状態で、「配置」をクリック

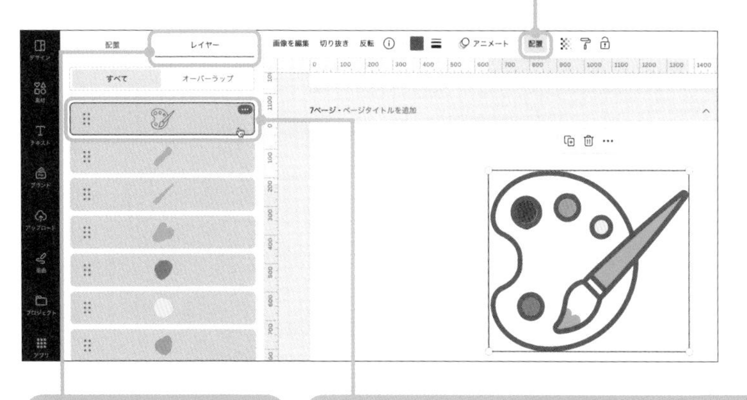

4 「レイヤー」をクリック

5 アイコンをドラッグして位置を一番上にする

無料版 プロ版

見やすい表をつくる

プレゼンなどの資料づくりに役立つ表をつくることができます。背景や罫線の色も変更できるので、デザインにあわせて見やすくておしゃれな表を作ってみましょう。

表を作成して行・列を増やす

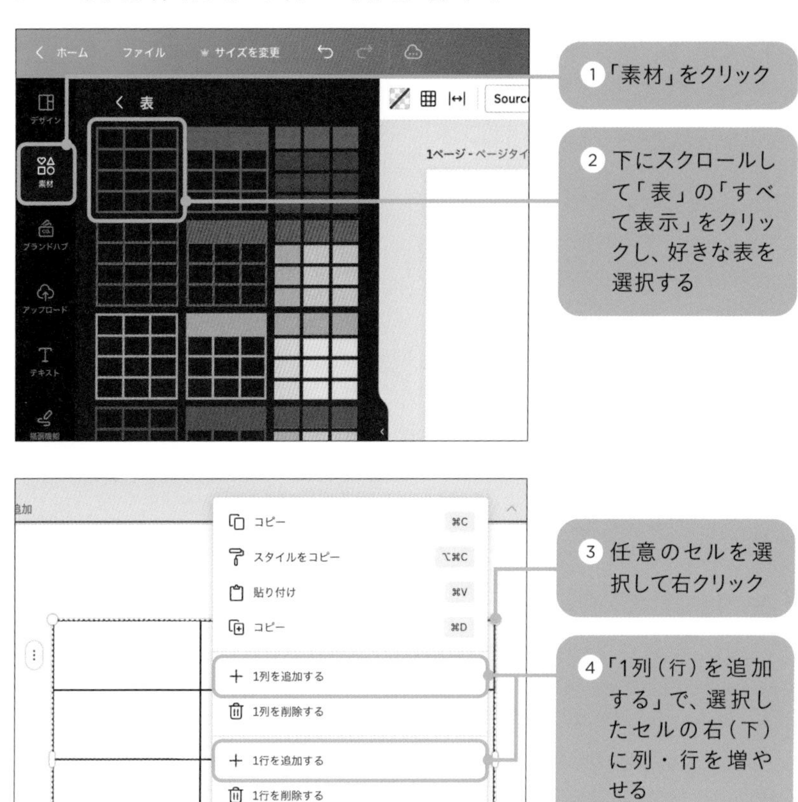

1 「素材」をクリック

2 下にスクロールして「表」の「すべて表示」をクリックし、好きな表を選択する

3 任意のセルを選択して右クリック

4 「1列（行）を追加する」で、選択したセルの右（下）に列・行を増やせる

MEMO

「列（行）を左（下）に移動する」で行・列を移動できます。

セルの色を変える

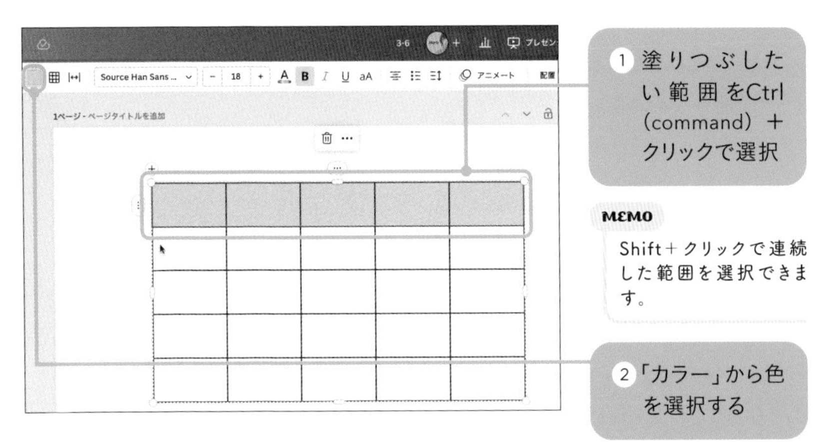

罫線の見た目を変える

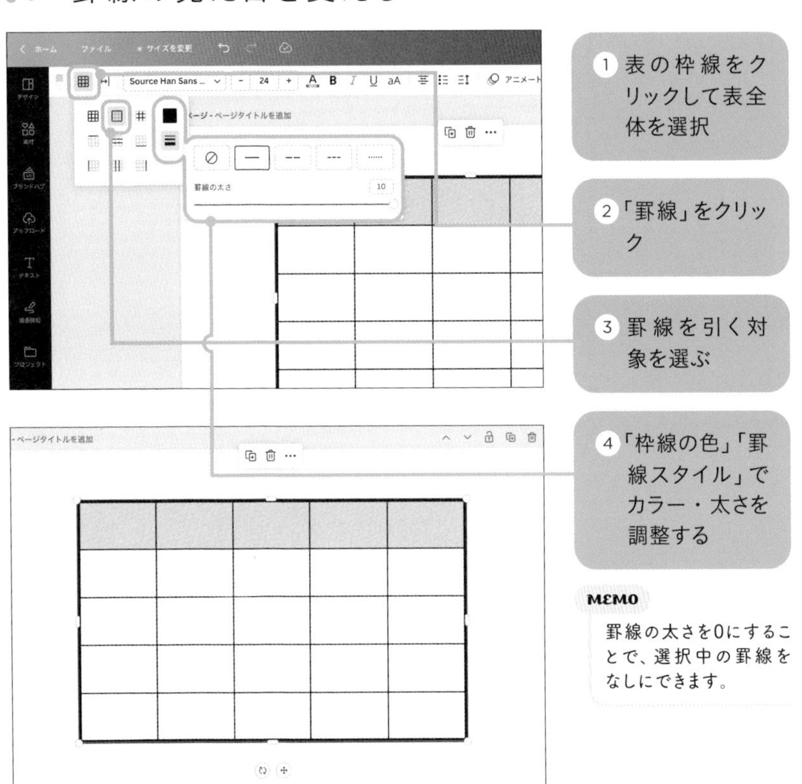

行・列のサイズを整える

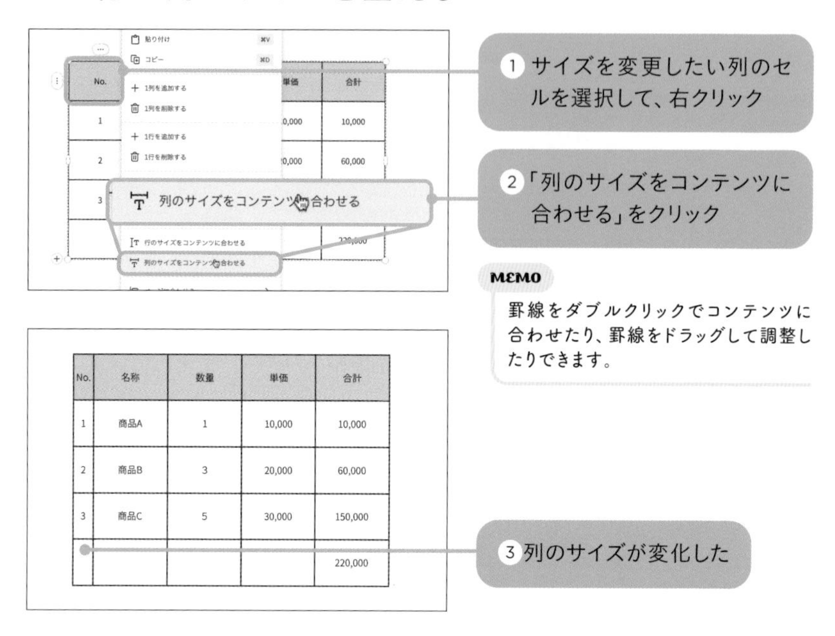

セルを結合する

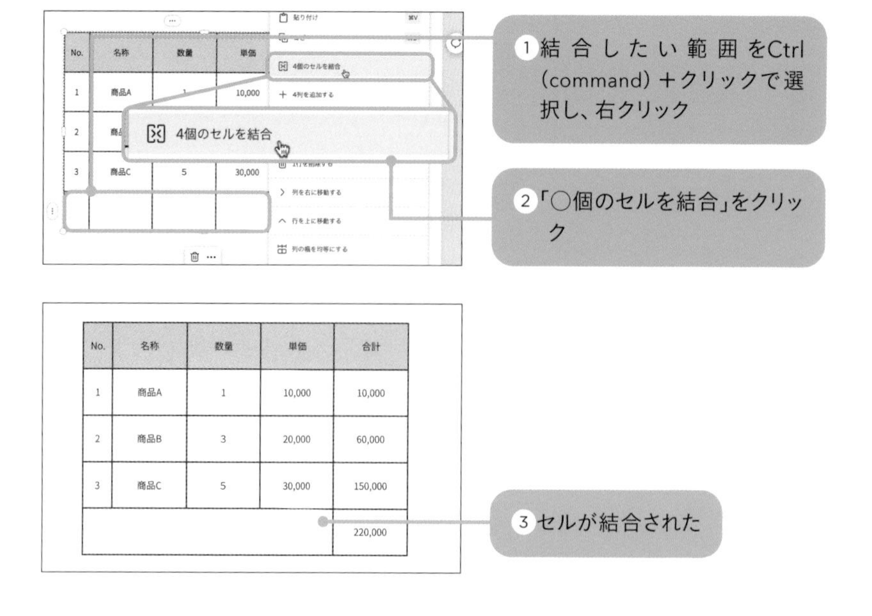

POINT もっと簡単に表を作成する方法

Excelからコピー＆ペーストする

Excelなどで作成済みの表をコピーして、そのままCanvaのページをクリックし、Ctrl（command）＋Vキーで貼り付けることができます。ただし、セルの背景色などの書式は引き継がれません。

	A	B	C	D	E	F
1		国語	数学	英語	理科	社会
2	Aさん	45	40	43	35	48
3	Bさん	35	46	40	43	38
4	Cさん	40	35	50	46	48
5	Dさん	38	42	35	38	40
6	Eさん	42	36	38	43	

カット ⌘X
コピー ⌘C
ペースト ⌘V

Canvaアシスタントを使う

画面右下のキラキラアイコン（Canvaアシスタント）をクリックし、「表」と検索すると、行・列の数を指定して表を作成開始できます。

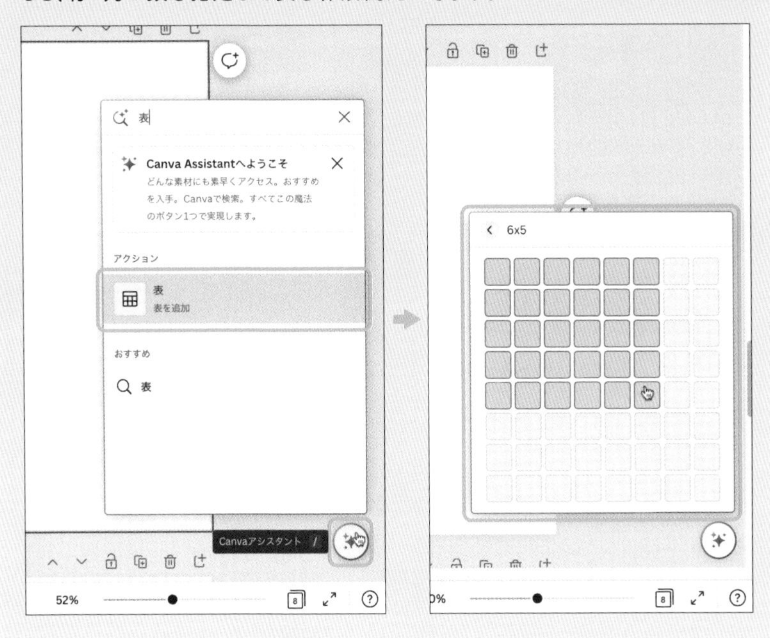

Tips!

無料版 プロ版

表のデータからグラフを作成する

Canvaでは棒グラフや円グラフなど、かんたんにグラフを作成することができます。ここでは、Googleスプレッドシートや Excelのデータを使って作成してみましょう。

グラフを配置する

MEMO

「すべて表示」からほかのグラフを選択することもできます。

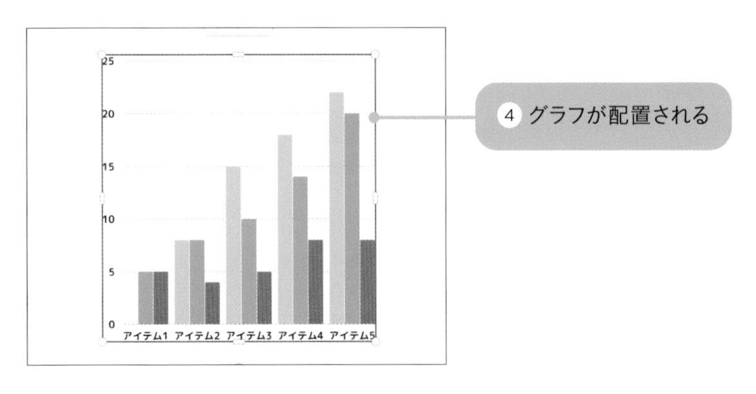

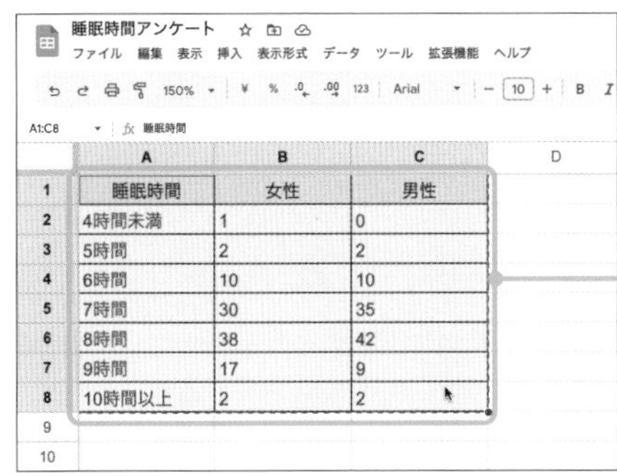

睡眠時間アンケート
ファイル 編集 表示 挿入 表示形式 データ ツール 拡張機能 ヘルプ

	A	B	C	D
1	睡眠時間	女性	男性	
2	4時間未満	1	0	
3	5時間	2	2	
4	6時間	10	10	
5	7時間	30	35	
6	8時間	38	42	
7	9時間	17	9	
8	10時間以上	2	2	
9				
10				

5 用意しておいたデータをコピーする

グラフの設定を変更する

グラフの見た目をアレンジする

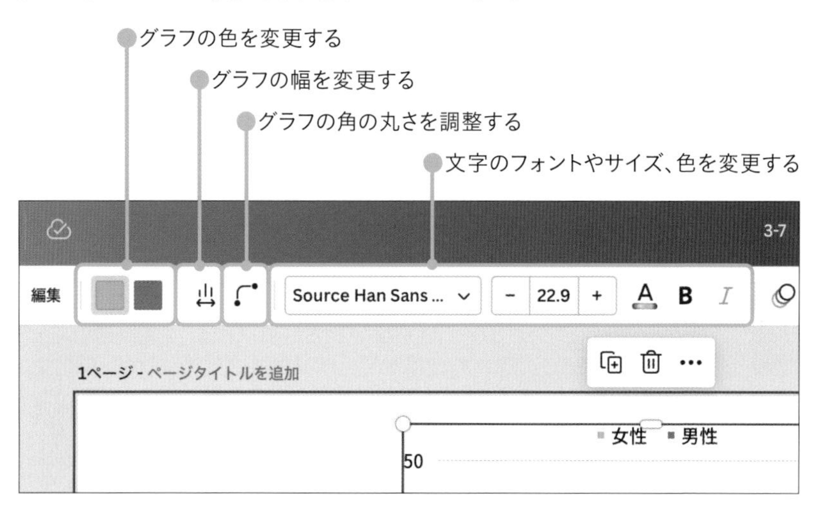

第4章

写真の デザインワザ!

Canva

無料版　プロ版

Tips!

56 写真の明るさや色味を思い通りに整える

撮影した写真が少し暗かったとき、色味がイメージと違ったときは「写真を編集」から写真の明るさや色味を調整することができます。コントラストや彩度などいろいろな項目があるので、写真を見ながら調整してイメージに近づけましょう。

画像の明るさや色味を調整する

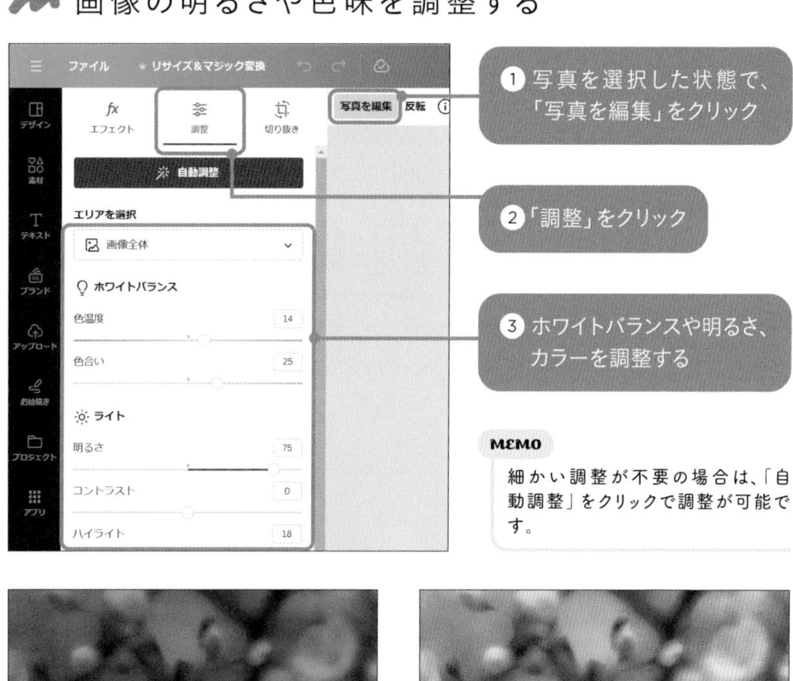

1 写真を選択した状態で、「写真を編集」をクリック

2「調整」をクリック

3 ホワイトバランスや明るさ、カラーを調整する

MEMO

細かい調整が不要の場合は、「自動調整」をクリックで調整が可能です。

Tips! 無料版 プロ版

57 カラー調整で特定の色を置き換える

写真の調整機能の中で「カラー調整」を使うと、写真に使用されている色を選択して色相・彩度・明度を変更することができます。写真の色の一部を印象的に見せたいときや、色違いの商品画像を手軽につくりたいときなどに役立ちます。

写真の特定の色を置き換える

1 前ページの方法で写真の編集画面を表示する

2「カラー調整」から編集したいカラーを選択する

3 色相・彩度・明度を調整する

無料版 プロ版

写真の前景だけ・背景だけを調整する

Canvaでは、前景・背景それぞれ異なる数値で明るさや色味を変更できます。たとえば、背景と被写体の色が似ていて見えにくいときに背景の色味を変えたり、逆光で前景の人物が暗くなってしまったときに人物の明るさを変えたりできます。

前景・前景だけを調整する

① P.108の方法で写真の編集画面を表示する

②「エリアを選択」をクリックし、ここでは「背景」を選択する

③ 色味などを調整すると、背景だけを対象に写真が調整される

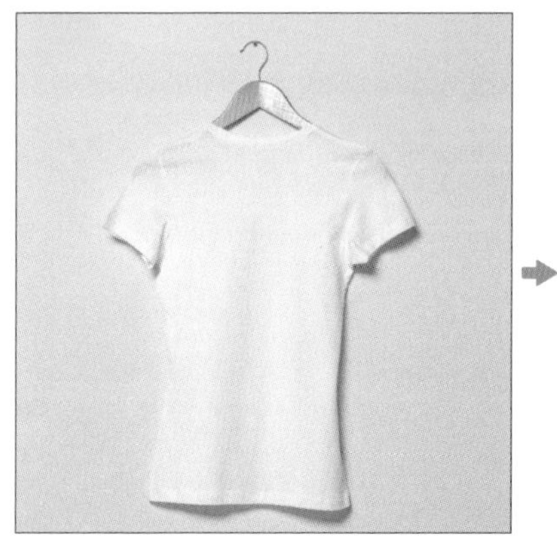

Tips!

無料版 プロ版

59 写真に枠線をつける・角を丸くする

写真に枠線をつけたり、角を丸くしたりしたいときは、写真を選択してツールバーの「罫線スタイル」から調整することができます。写真をフレームに入れる必要がなく、簡単に加工して印象を変えることができる方法です。

写真に枠線をつける

1 写真を選択した状態で、「罫線スタイル」をクリック

2 線種や罫線の太さ、角の丸みを設定する

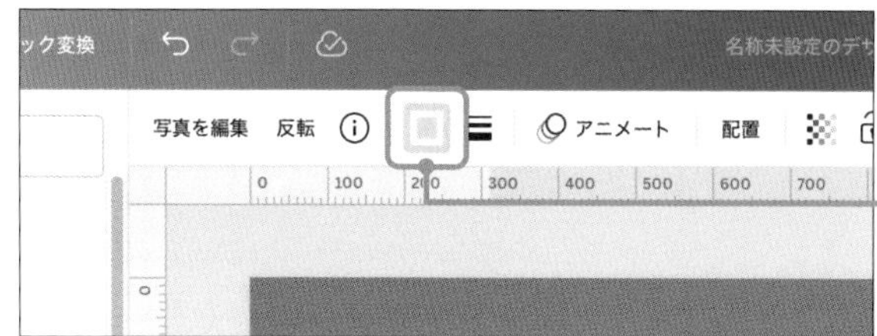

3「枠線の色」をクリックして色を選ぶ

無料版 プロ版

写真を効率よく トリミングする

写真は好きな大きさ・比率でトリミングしたり、フレームに入れて好きな形で切り抜いたりすることができます。その際に「スマート切り抜き」を使うと自動で被写体を良い位置に配置して切り抜いてくれます。

写真をトリミングする

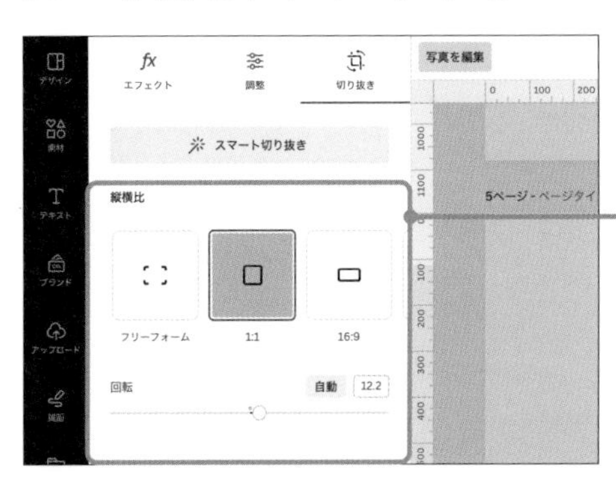

① 写真をダブルクリックする

② 縦横比や回転を指定する

MEMO
自由に切り抜きたい場合は「フリーフォーム」を選択します。

③ 枠の四隅や、枠内をドラッグして切り抜き位置を調整する

MEMO
写真をダブルクリックせずに、写真を選択して「辺の中央ハンドル」をドラッグしても切り抜けます。

スマート切り抜きでトリミングする

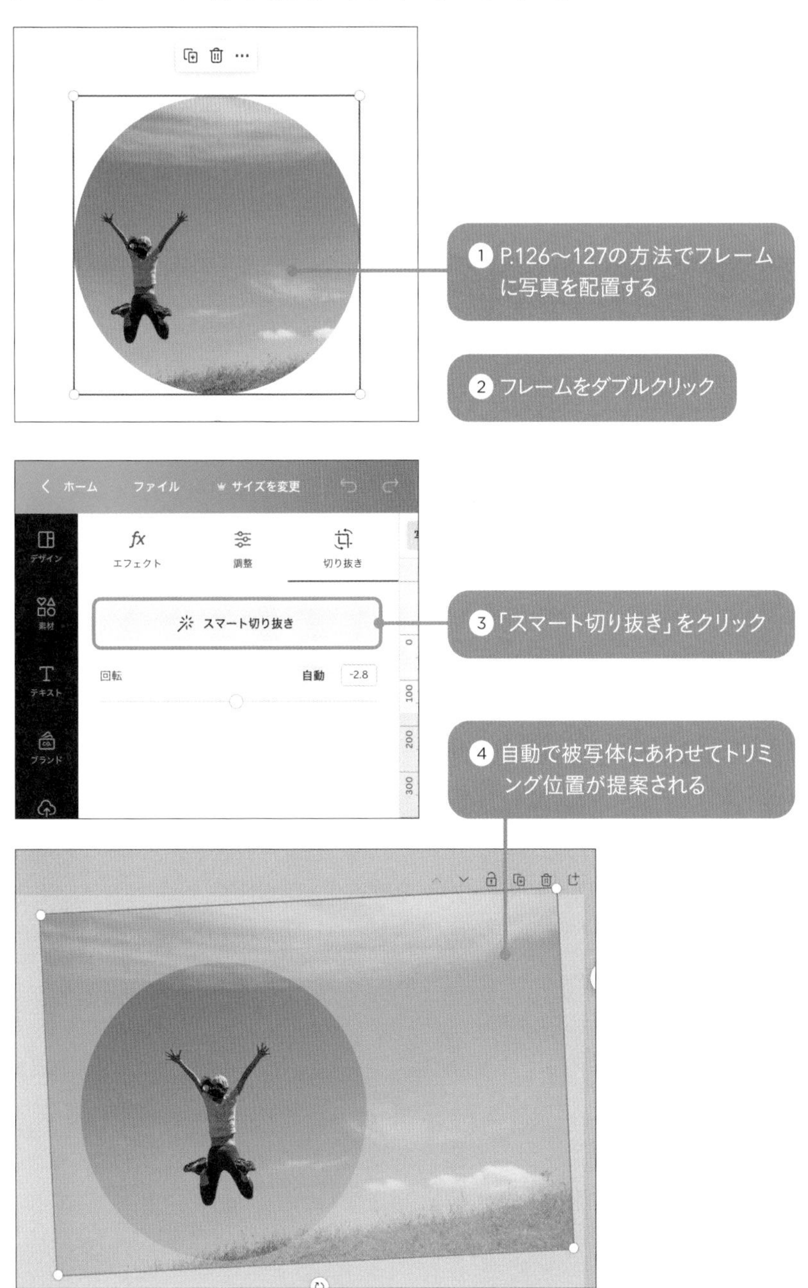

背景除去で背景をワンクリックで削除する

「背景除去」を使うと、ワンクリックで写真の背景を削除し、一瞬で被写体を切り抜くことができます。ブラシで細かい部分を削除・復元することも可能です。有料のCanvaプロを利用している方が使える便利機能です。

写真の背景を削除する

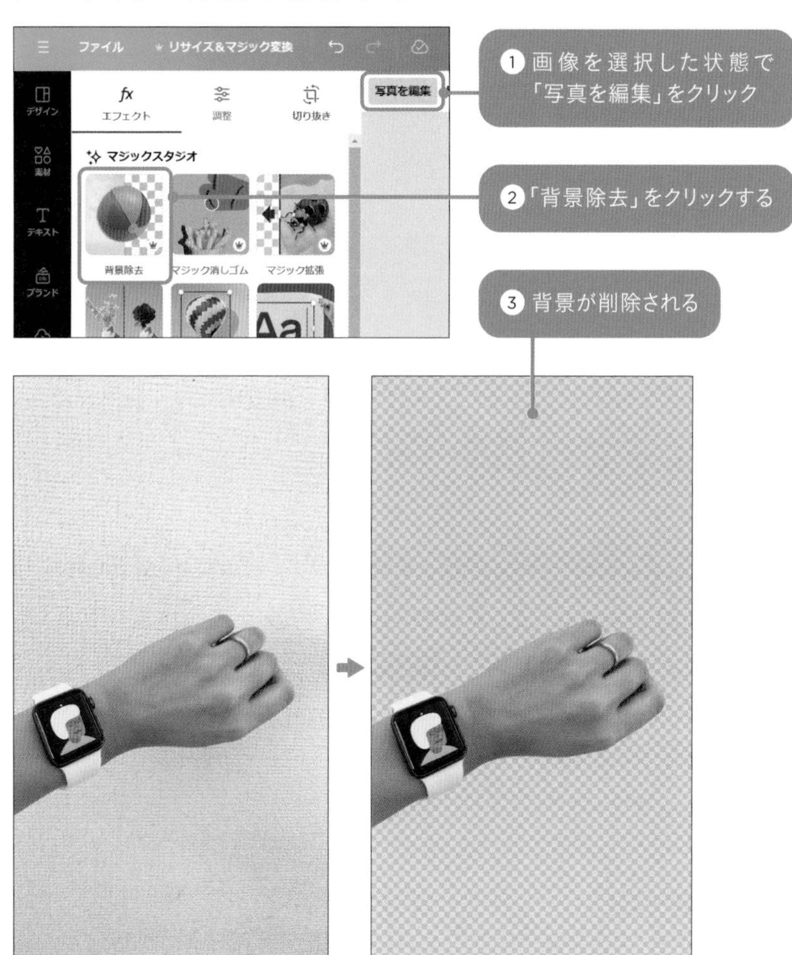

切り抜き範囲を調整する

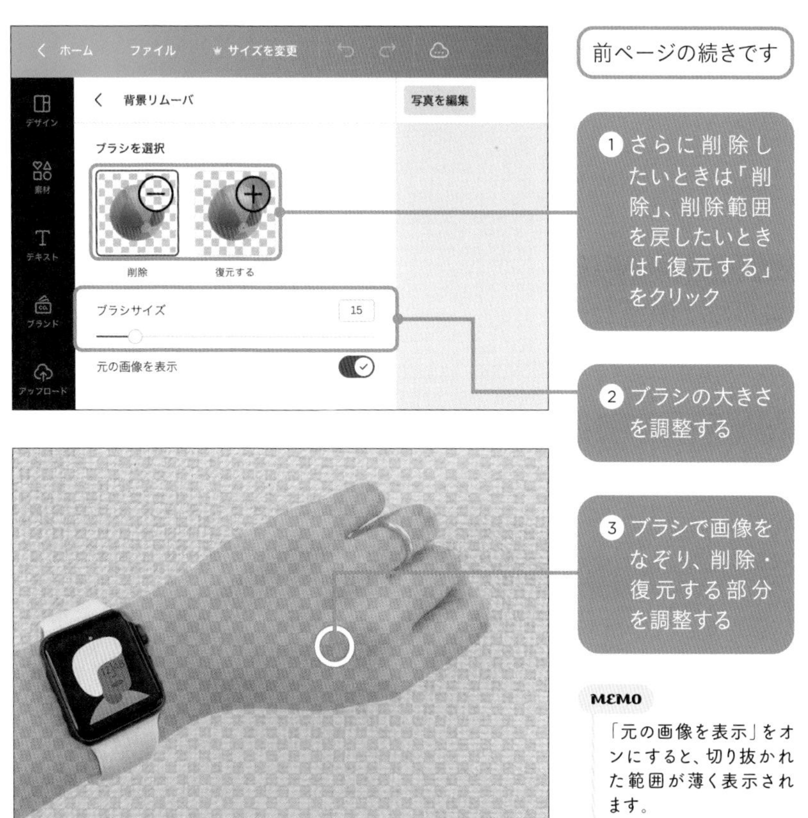

前ページの続きです

① さらに削除したいときは「削除」、削除範囲を戻したいときは「復元する」をクリック

② ブラシの大きさを調整する

③ ブラシで画像をなぞり、削除・復元する部分を調整する

MEMO

「元の画像を表示」をオンにすると、切り抜かれた範囲が薄く表示されます。

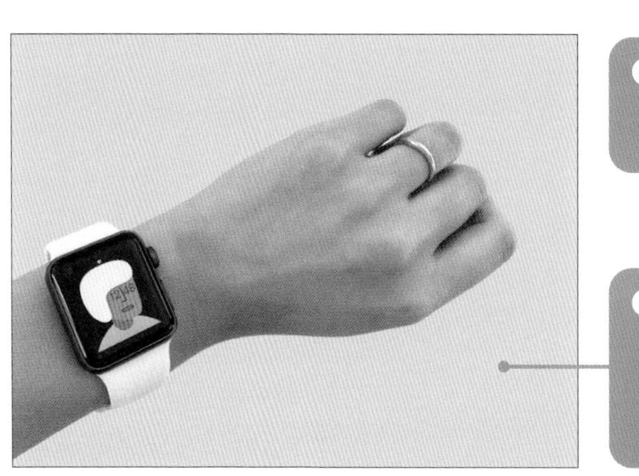

④ 調整が済んだら「完了」をクリック

⑤ 切り抜いた部分は透過されるので、背景や画像と組み合わせて使用できる

無料版 プロ版

切り抜き写真に影やアウトラインをつける

エフェクトの「シャドウ」を使用すると、写真に影など加えることができます。光彩のような「グロー」、影をつけられる「ドロップ」、輪郭線の「アウトライン」から選択し、カラーを選んで調整もできます。

グロー・ドロップ・アウトラインをつける

① 写真を選択

MEMO
ここでは、背景除去で切り抜いた写真に効果をつけていきます。

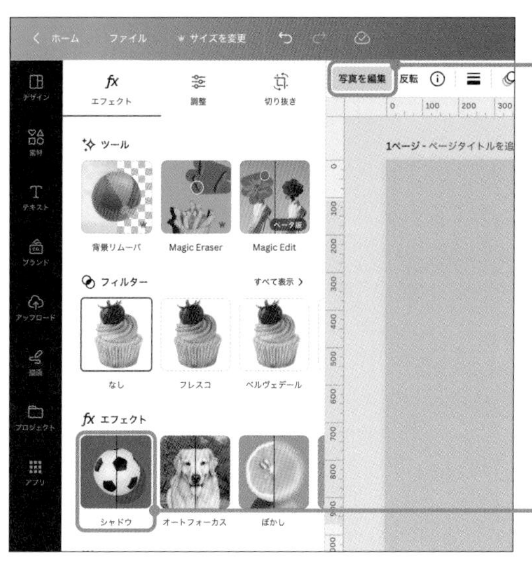

② 「写真を編集」をクリック

③ 「シャドウ」をクリック

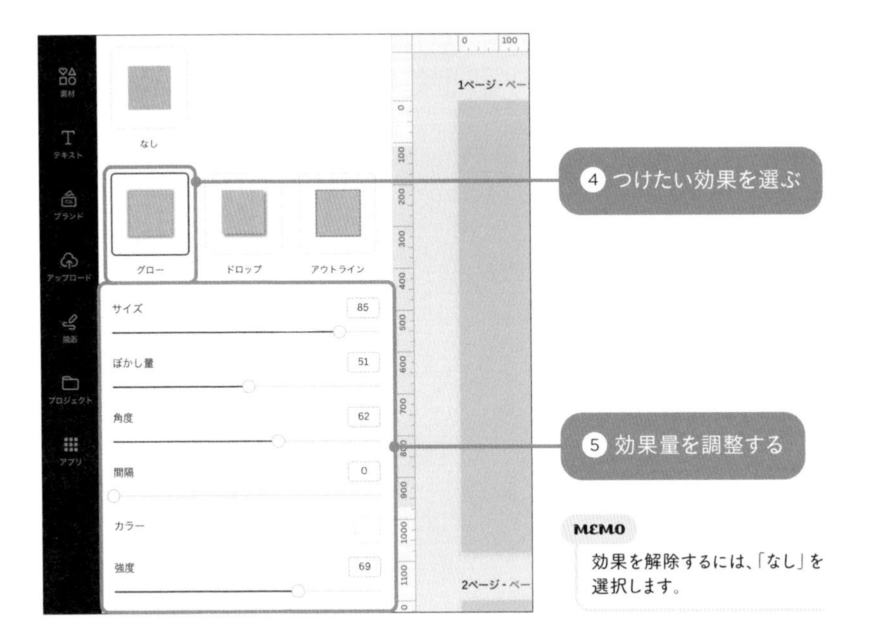

MEMO

効果を解除するには、「なし」を選択します。

グロー

画像のまわりに発光したような効果をつけることができる

ドロップ

画像に影をつけることができる

アウトライン

画像の縁取りをすることができる

無料版 プロ版

63 写真の一部または全体をぼかす

写真の一部を隠したいときなどに、ブラシでぼかすことができます。また、写真全体をぼかすこともできるので、すりガラスのような雰囲気で、デザインに奥行きを出したいときや、写真に重ねた文字が見にくいときにも役立ちます。

ブラシで写真の一部をぼかす

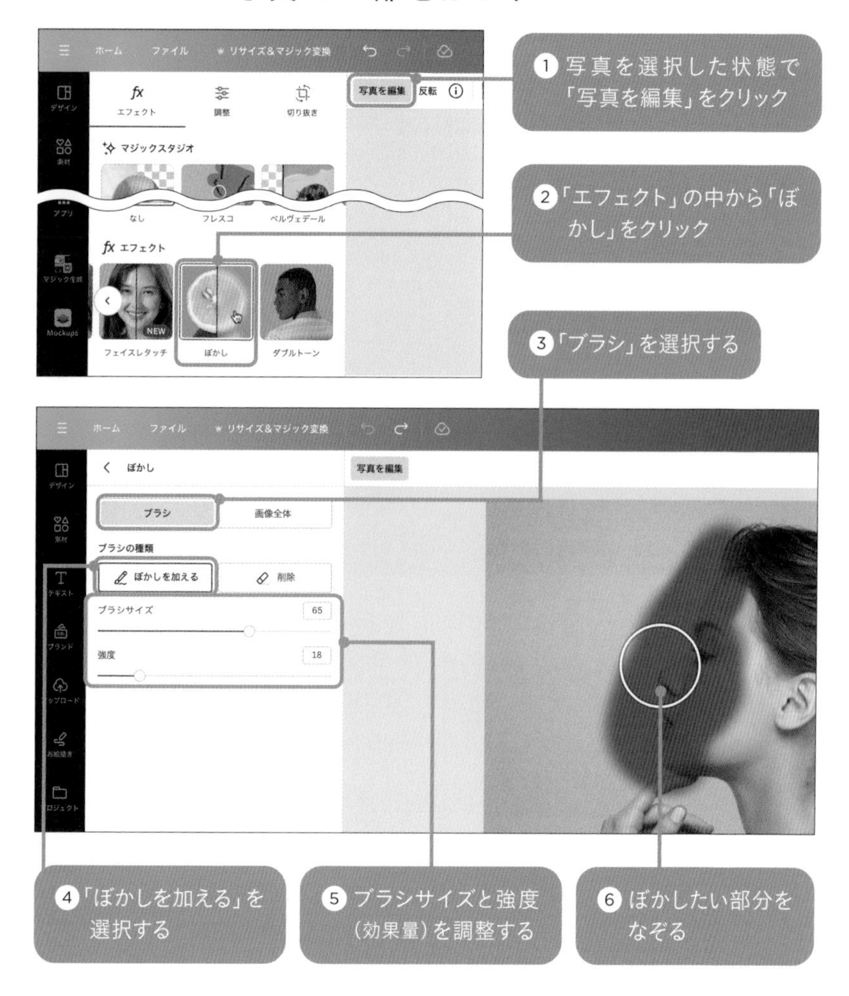

7 なぞった部分にぼかしがかかる

MEMO

ぼかしの一部を削除したいときはブラシの「削除」でなぞります。また、「ぼかしを削除」をクリックでぼかしがリセットされます。

写真全体をぼかす

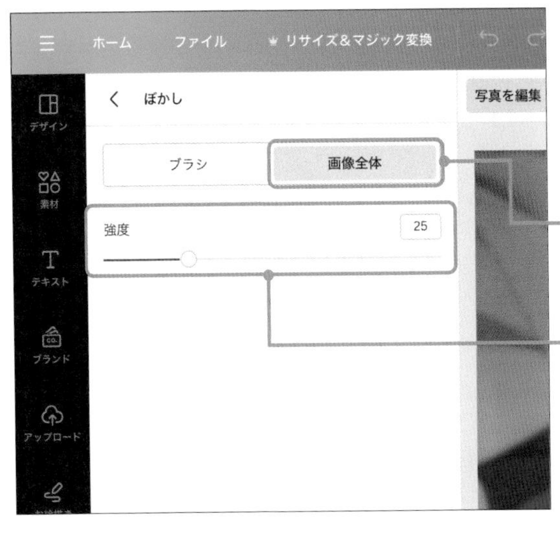

1 前ページ手順3の画面を表示する

2 「画像全体」をクリック

3 強度を調整する

Tips!

無料版 プロ版

64 写真の一部にピントを合わせたようにする

オートフォーカスを使うと、撮影済みの写真をあとから一眼レフで撮ったようにぼかすことができます。フォーカス位置やぼかし強度を調整できるので、写真の背景をぼかしたり、手前をぼかしたり、好みに合わせて編集してみましょう。

自動で背景をぼかす

① 写真を選択した状態で「写真を編集」をクリック

② 「オートフォーカス」をクリック

③ 写真を認識して、自動で背景にぼかし効果が加わる

ピント位置を自由に変える

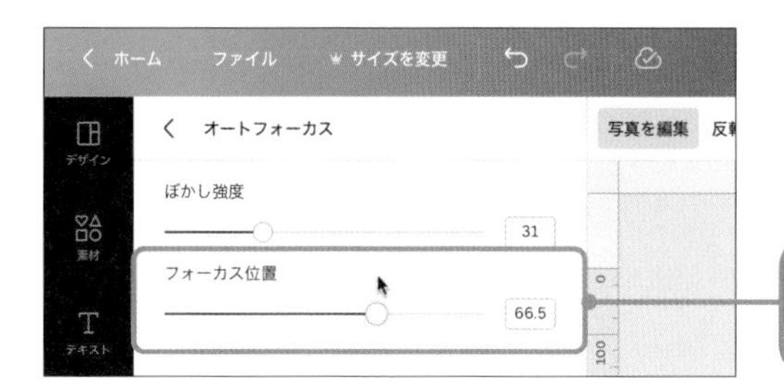

①「フォーカス位置」を調整する

②フォーカスしたい位置に紫色の表示を合わせる

③「ぼかし強度」を調整する

④フォーカスしたい位置以外にぼかし効果が加わる

MEMO

ピント位置を変えることで、写真の持つ意味や印象を変えることができます。

無料版 プロ版

ダブルトーンで写真を2色印刷風にする

ダブルトーンでは、ハイライトとシャドウを好きな色で設定することによって、写真を2色印刷したようなカラーに変更することができます。レトロな感じやポップな感じなど、色の組み合わせによって楽しめます。

プリセットの色味から選択する

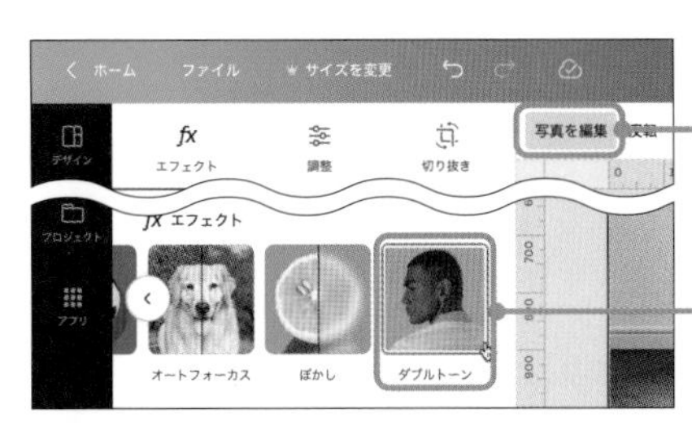

❶ 写真を選択した状態で「写真を編集」をクリック

❷「ダブルトーン」をクリック

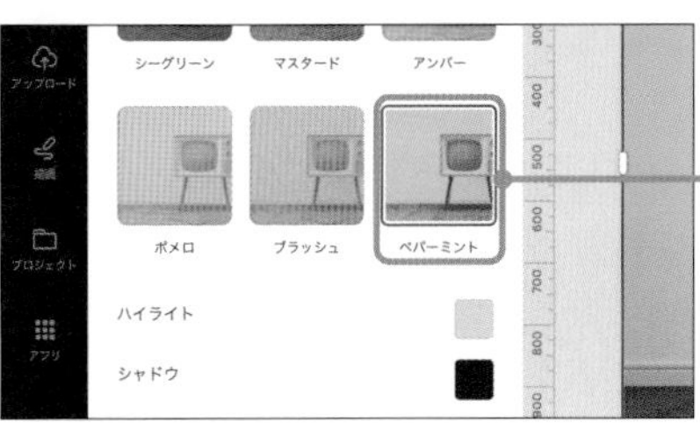

❸ 好きなカラーをクリックする

❹ 写真が2色印刷風になる

MEMO

手順3のあとで、「ハイライト」「シャドウ」から色を変更したり、「強度」で元の写真となじませたりできます。

無料版 プロ版

Tips! 66

フィルターで写真の色味や雰囲気を変える

かんたんに写真の色味や雰囲気を変えたいときには「フィルター」が便利です。ヴィンテージやモノクロなど、雰囲気ごとにおしゃれなフィルターが用意されています。デザインのイメージに合ったフィルターを探してみましょう。

写真にフィルターを適用する

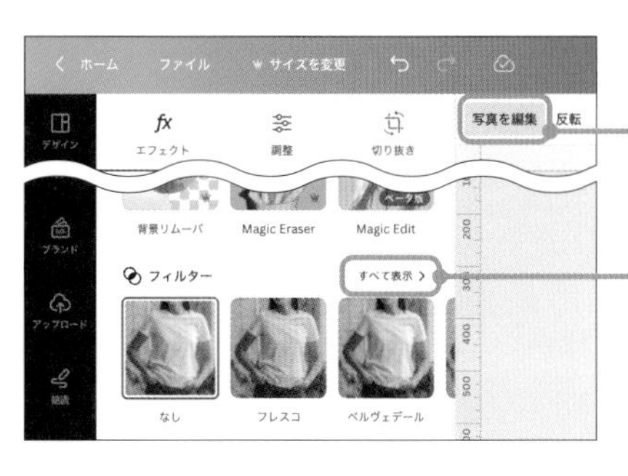

① 写真を選択した状態で「写真を編集」をクリック

② 「フィルター」の「すべて表示」をクリック

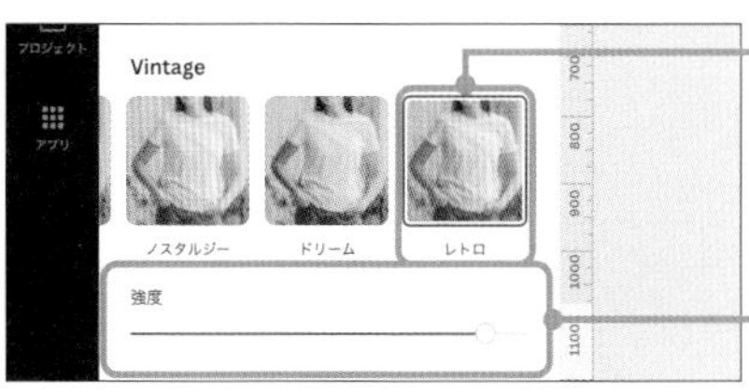

③ 使用したいフィルターをクリック

④ フィルターの強さを「強度」で調整する

無料版　プロ版

フェイスレタッチで肌をなめらかにする

エフェクトの「フェイスレタッチ」を利用して、肌のシワやシミを目立たないようなめらかに加工することができます。執筆時点ではこの機能のみですが、今後フルバージョンがリリースされ、ほかのレタッチ機能も追加される可能性があります。

肌をなめらかにする

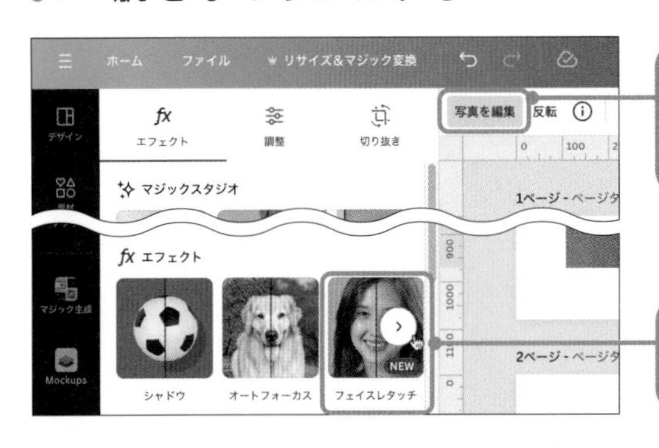

❶ 写真を選択した状態で、「写真を編集」をクリック

❷「フェイスレタッチ」をクリック

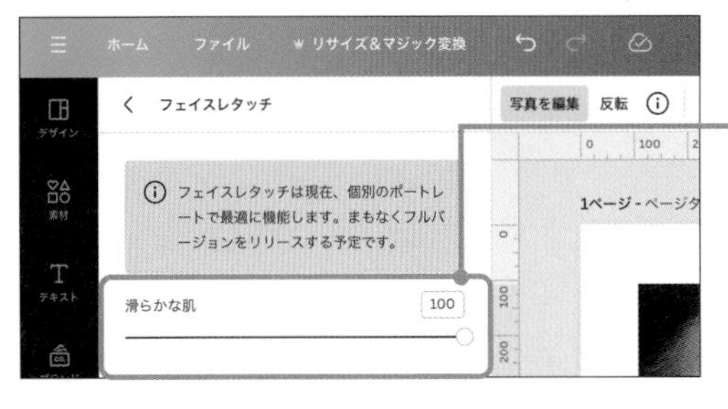

❸「滑らかな肌」を調整する

❹ 肌がなめらかになった

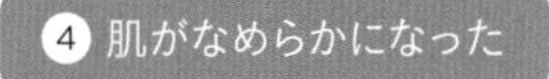

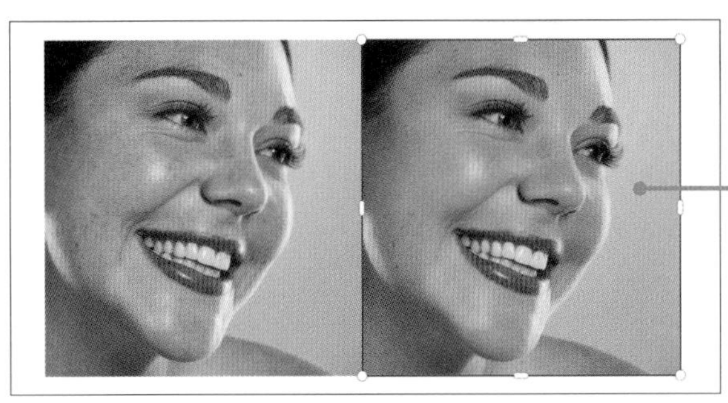

無料版 プロ版

68 画像をモザイク加工する

Canvaに連携された「Pixelify」アプリを使うと、アップロードした画像をモザイク加工することができます。モザイクの大きさを調整することも可能です。

画像をモザイク加工する

1「アプリ」をクリックし、「Pixelify」を検索して開く

2「Choose file」をクリックして画像をアップロードする

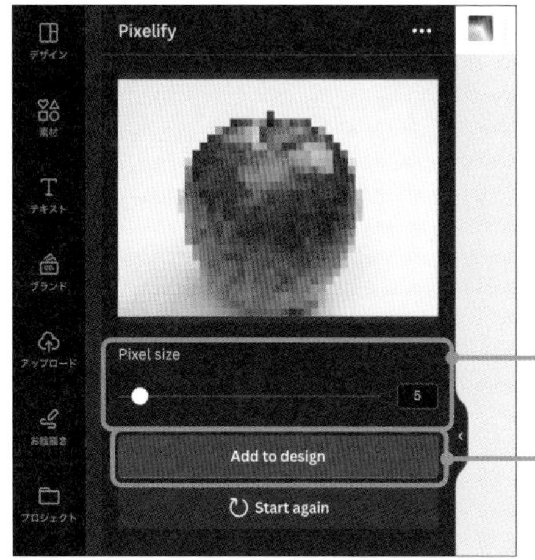

3ピクセルの大きさを調整する

4「Add to design」をクリックしてページに配置する

第4章 写真のデザインワザ！ 効果を加える

無料版 プロ版

さまざまな形のフレームに写真を入れる

素材の中にはたくさんの「フレーム」が用意されています。四角や丸などのシンプルな図形から、スマホやPCのはめこみ画像を作成できるもの、文字の形などがあり、目的に応じて検索することもできます。

フレーム素材に写真をはめこむ

1「素材」をクリック

2 下にスクロールして「フレーム」の「すべて表示」をクリック

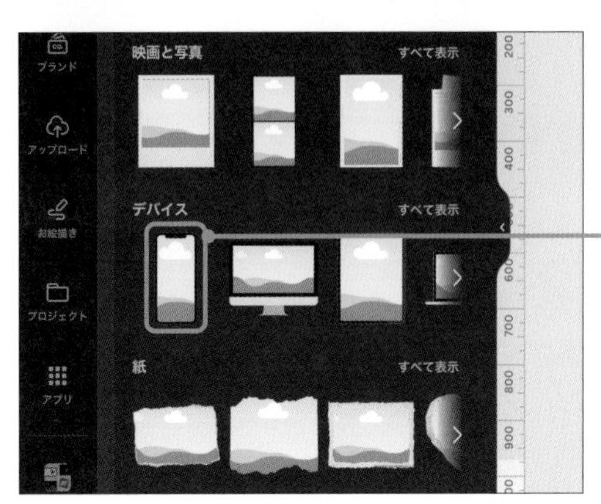

3 使いたいフレームを選択する

MEMO

この画面の検索窓で、キーワードを入力してフレームを探すことも可能です。

4 写真をドラッグして、フレームにはめこむ

MEMO

写真の位置を調整するにはダブルクリック。写真をフレームから外すには、右クリックして「画像を切り取る」をクリックします。

5 カラー表示のあるフレームは色変更も可能

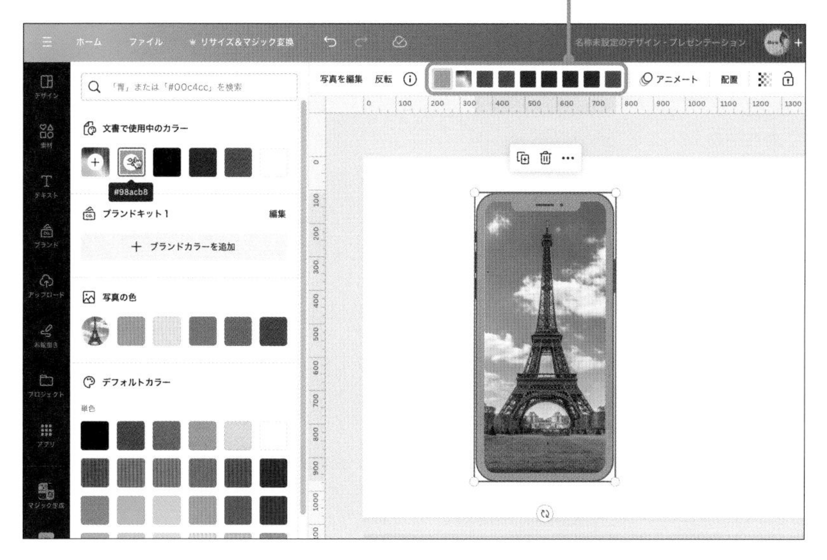

POINT フレームに動画を入れる

フレームには、写真だけではなく動画を入れることもできます。

第4章 写真のデザインワザ！
合成

無料版　プロ版

Tips!

グリッドで写真コラージュをつくる

写真を数枚使用して、整理されたアルバムやコラージュのように配置したいときは、素材として用意された「グリッド」を使用すると便利です。写真と写真の間の間隔を調整することもできます。

グリッドに写真を配置する

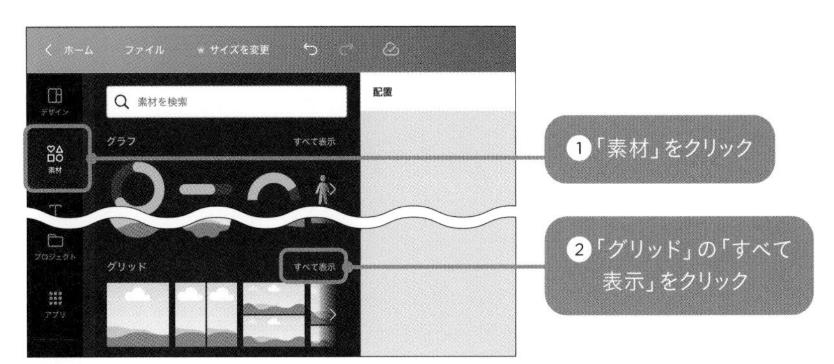

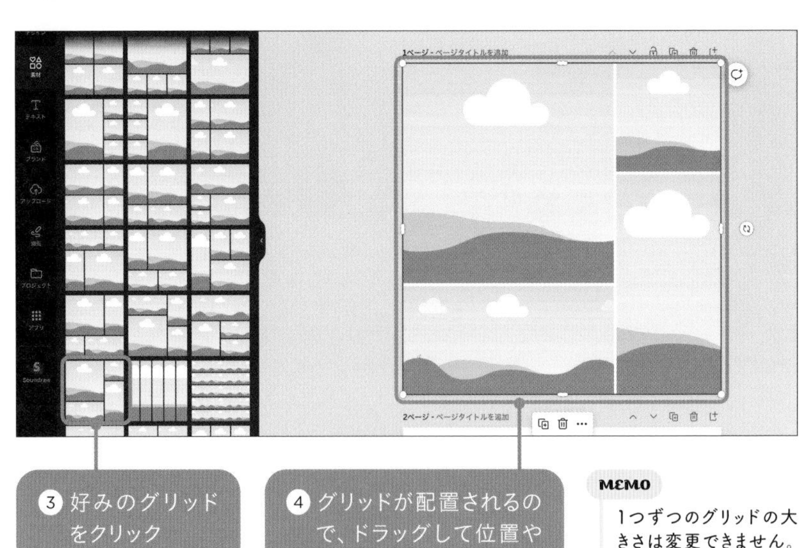

MEMO

1つずつのグリッドの大きさは変更できません。

5「素材」をクリック

6 使用したい写真を探し、グリッドにドラッグする

MEMO

配置した写真をダブルクリックで位置や大きさを調整できます。

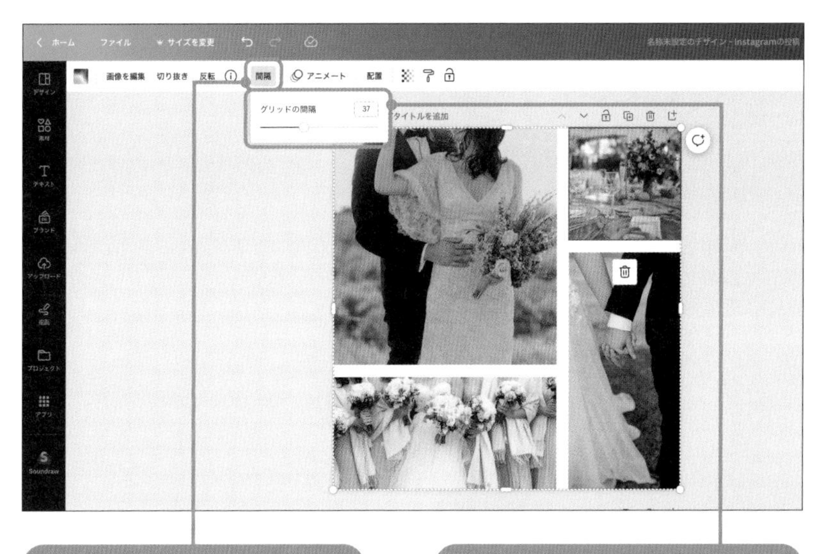

7 グリッドを選択した状態で「間隔」をクリック

8「グリッドの間隔」で間隔の幅を調整できる

無料版 プロ版

Tips!

写真を合成したモックアップをつくる

モックアップとは、Webサイトや写真を商品にはめこみ合成したもの。Webサイトの利用イメージや、オリジナルグッズのイメージ作成などに使用することができます。Canvaには高品質なモックアップ素材がたくさん用意されています。

モックアップ素材に写真を合成する

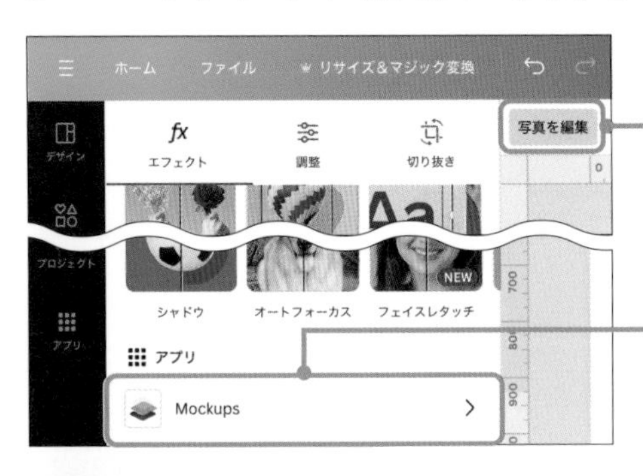

① 写真を選択した状態で、「写真を編集」をクリック

② 下にスクロールして「Mockups」をクリックして開く

MEMO

サイドパネルの「アプリ」から「Mockups」を検索して開くこともできます。

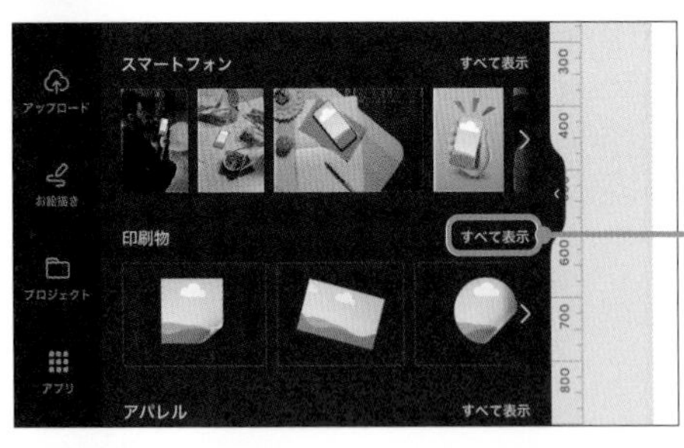

③ 好きなカテゴリーの「すべて表示」をクリック

④ 使用したいモックアップ画像をクリック

5 画像をフレームにドラッグして埋め込む

6 フレームをクリック

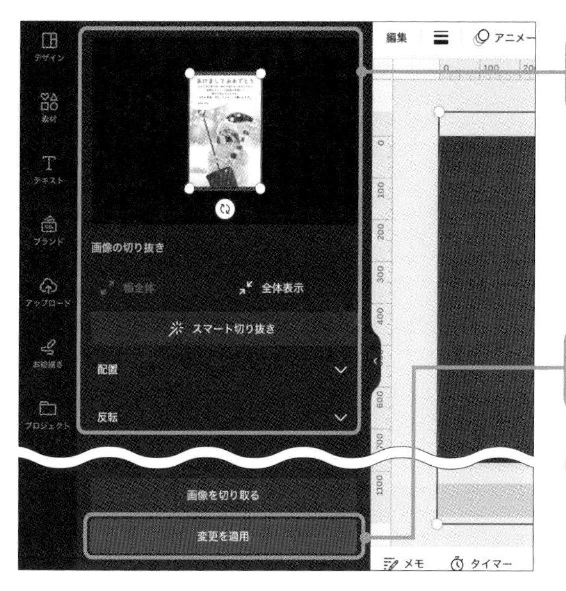

7 切り抜き位置や、配置を調整する

8 「変更を適用」をクリック

MEMO

「画像を切り取る」で画像をフレームから取り出すことができます。

無料版 プロ版

さらに多くのモックアップ画像を検索する

編集画面上に表示されるモックアップは、実はほんの一部。さらに多くのモックアップから選びたい場合は、ホーム画面のアプリから探してみましょう。

モックアップ画像を選ぶ

❶ ホーム画面で「アプリ」をクリック

❷「Mockups」をクリック

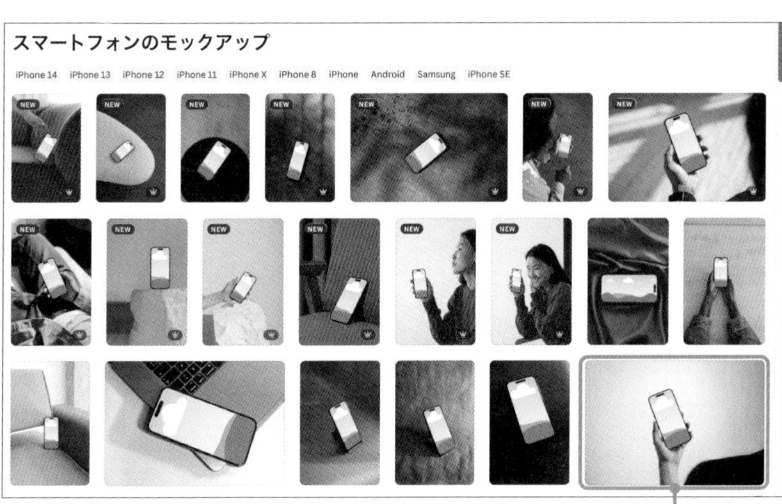

5 使用したいモックアップ画像をクリック

その他のモックアップのカテゴリー

- テクノロジー：PC・タブレット・時計・テレビ画面・電子書籍リーダー
- 印刷物：カード・雑誌・書籍・パンフレット・ポスター・iPhoneケース・ステッカー
- パッケージ：化粧品・飲料・サプリメント・紙袋・箱
- アパレル：スウェット・Tシャツ・パーカー・タンクトップ・ベビー服・マスク・トートバッグ
- ホーム&リビング：マグカップ・枕・キャンドル・風船・コースター・旗

モックアップ画像に写真をはめこむ

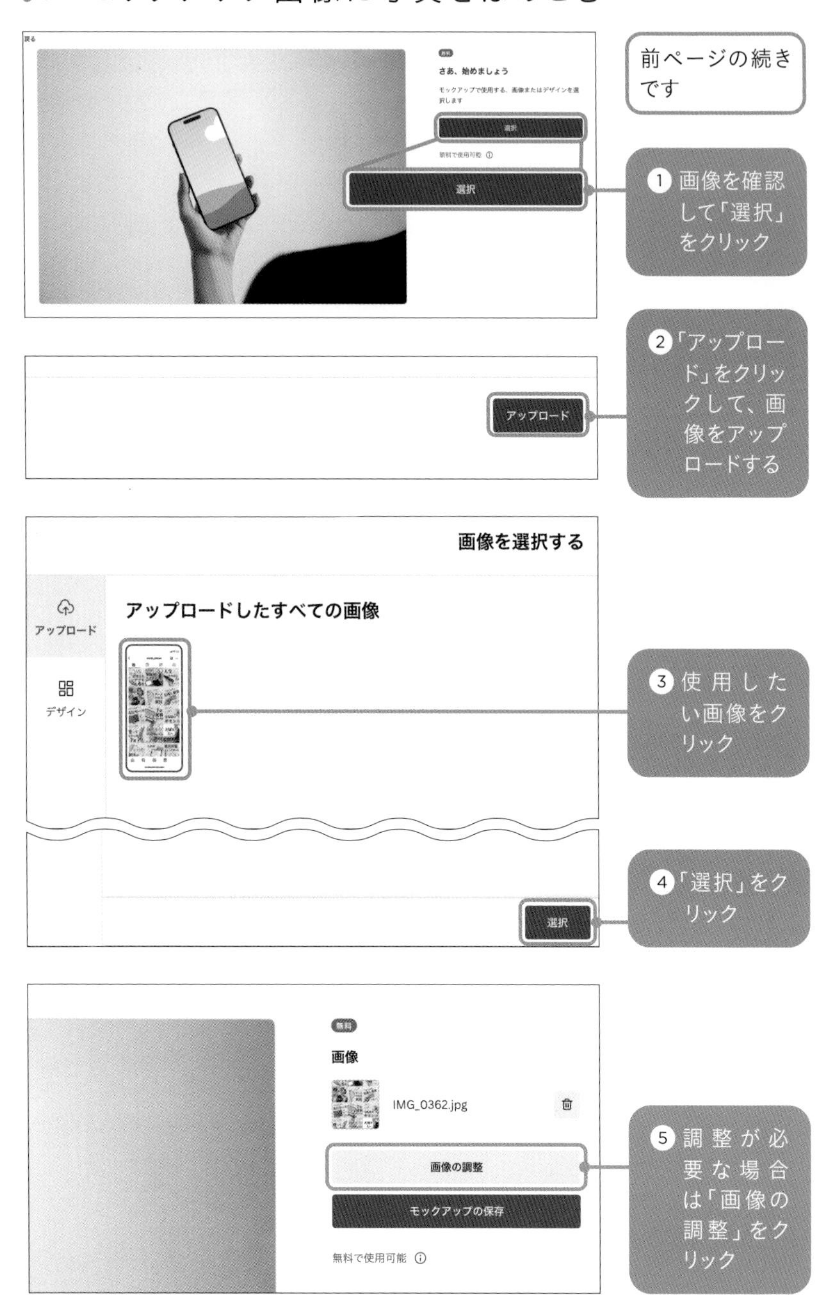

⑥画像のサイズや位置を調整する

⑦「保存」をクリックし、続けて「モックアップの保存」をクリックする

⑧「デザインに使用」をクリックすると、サイズを選択してそのままデザインを作成できる

MEMO

「ダウンロード」をクリックすると、作成した画像を保存できます。

Tips! 73

無料版 プロ版

フリマアプリやECサイトで使える商品写真をつくる

フリマアプリを利用される方におすすめの機能！複数の写真をアップロードしてスタイルを選ぶだけで、まとめてきれいな商品写真を作成してくれます。散らかった背景の写真しかないときも、自動で切り抜きをして統一感のある写真ができます。

背景をシンプルにした商品写真をつくる

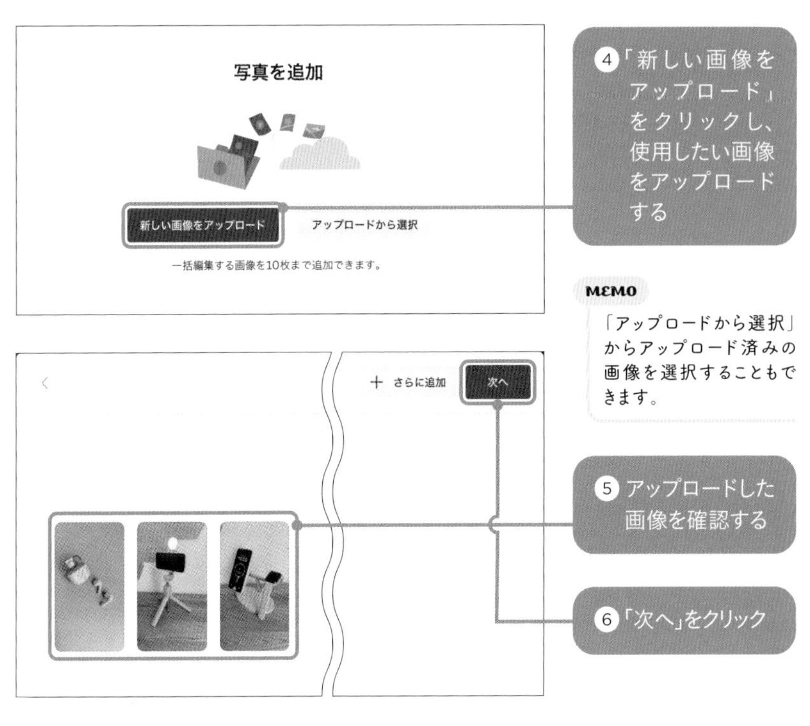

MEMO

「アップロードから選択」からアップロード済みの画像を選択することもできます。

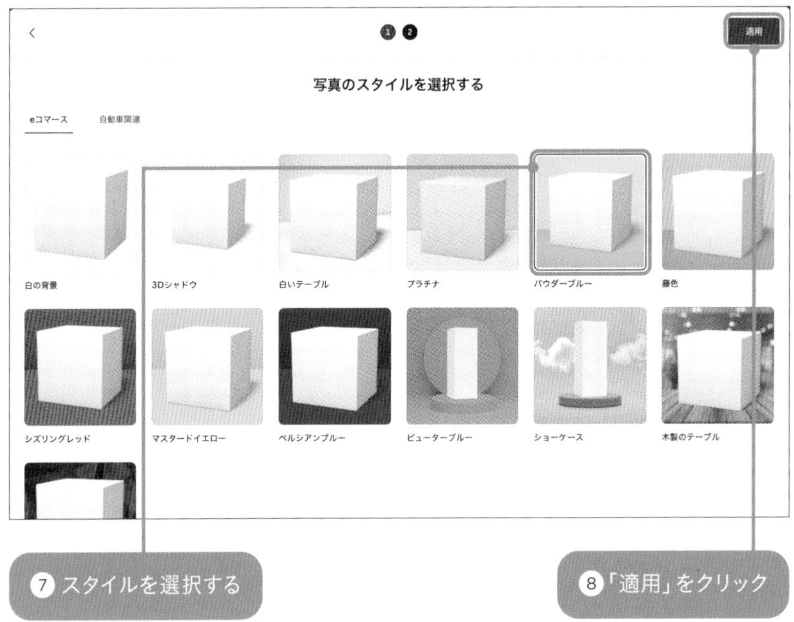

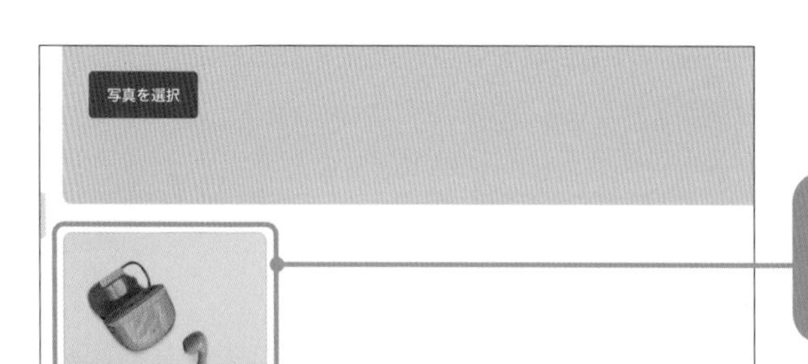

❾ しばらくすると、画像が作成されので クリック

MEMO

枚数や画像サイズによってはしばらく時間がかかる場合もあります。

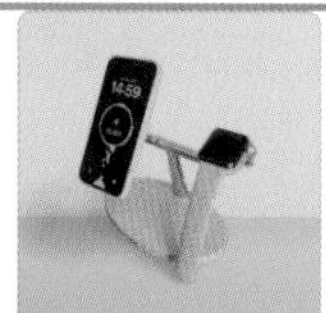

❿ 画像をクリックし、デザインに使用または1枚ずつダウンロードする

MEMO

右上の「すべてをダウンロード」をクリックで、作成した画像を一度に保存できます。

POINT 写真スタイルの例

ピューターブルー

木製のテーブル

ロイヤル

第5章

配色の デザインワザ!

Canva

無料版 プロ版

Tips!

74 色を調べて相性のいい色を探す

色の組み合わせに悩んだとき、その色のカラーコードを調べて入力すると、似た色の組み合わせ例としてパレットが表示されます。参考にして配色を考えることができ、新しいインスピレーションを得ることもできます。

カラーコードを調べてパレットを表示する

MEMO

カラーコードとは、特定の色を「16進数の6桁」で表現したものです。

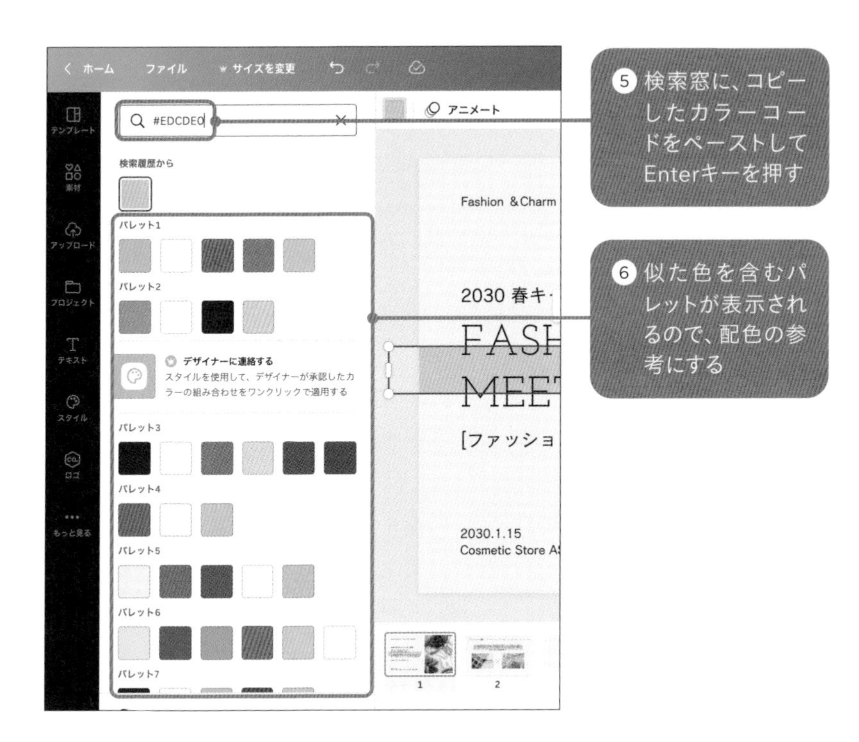

POINT 配色の参考におすすめのサイト

・Color Hunt
おしゃれな4色のカラーパレットが日々追加されています。
https://colorhunt.co/

・ColorSpace
好きな色のカラーコードを入れると、それに合う配色を表示してくれます。
https://mycolor.space/

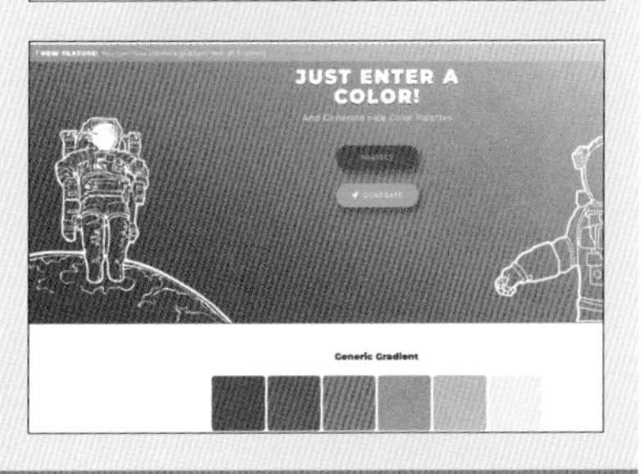

無料版 プロ版

写真に使われている色をピックアップする

デザインをする際、写真の中の色を文字や素材に取り入れると、デザイン全体のカラーにまとまりが生まれます。Canvaでは自動的に写真の中の色を候補としてピックアップしてくれます。

写真の色の候補から使用する

① 写真が入ったデザインを用意する

② 色を変更したい素材を選択

③「カラー」をクリック

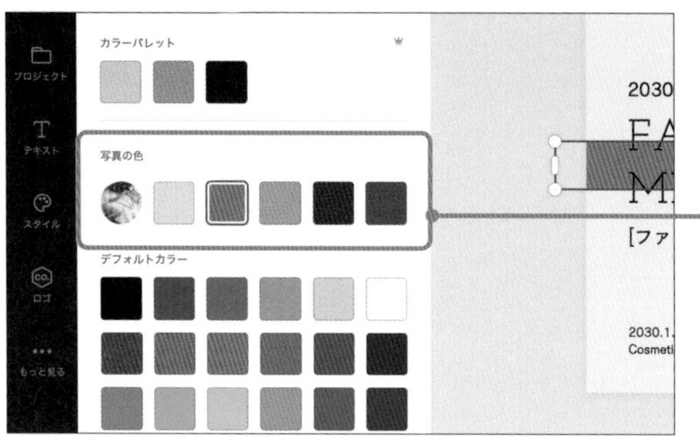

④ 写真に使われている色が「写真の色」パレットに表示されるので、好きな色を選択する

Tips!

無料版 プロ版

76 画面のどこからでも好きな色を選ぶ

スポイト機能を使うと、画面上の好きなところから色をピックアップすることができます。デザイン上の写真の色はもちろん、デスクトップ上の別のファイルから色を拾うことや、ほかのWebサイトから色を抽出することもできます。

スポイトで色を抽出する

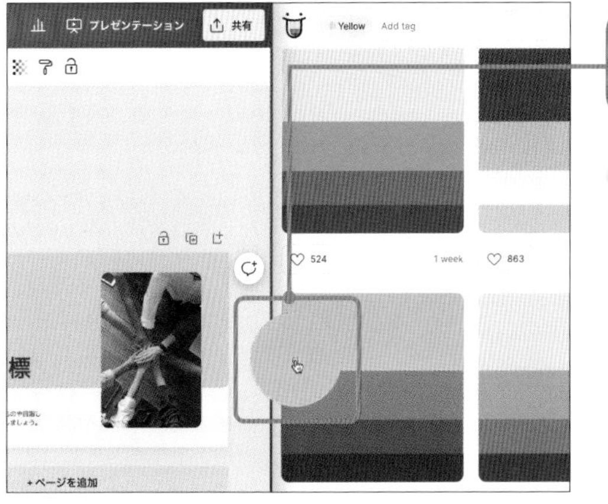

④スポイトで画面上の好きな色を選択する

MEMO

ここでは別ウィンドウで表示したWebサイトから色を取得しました。なお、一部のブラウザではスポイトが表示されない場合があります。

無料版 プロ版

グラデーションカラーを作成する

図形はグラデーションで塗りつぶすことができます。グラデーションはデフォルトカラーに用意されているもののほか、自分でカラーを指定したり、スタイルを指定したりすることも可能です。背景・ライン・図の枠線にもグラデーションは適用できます。

グラデーションカラーを作成する

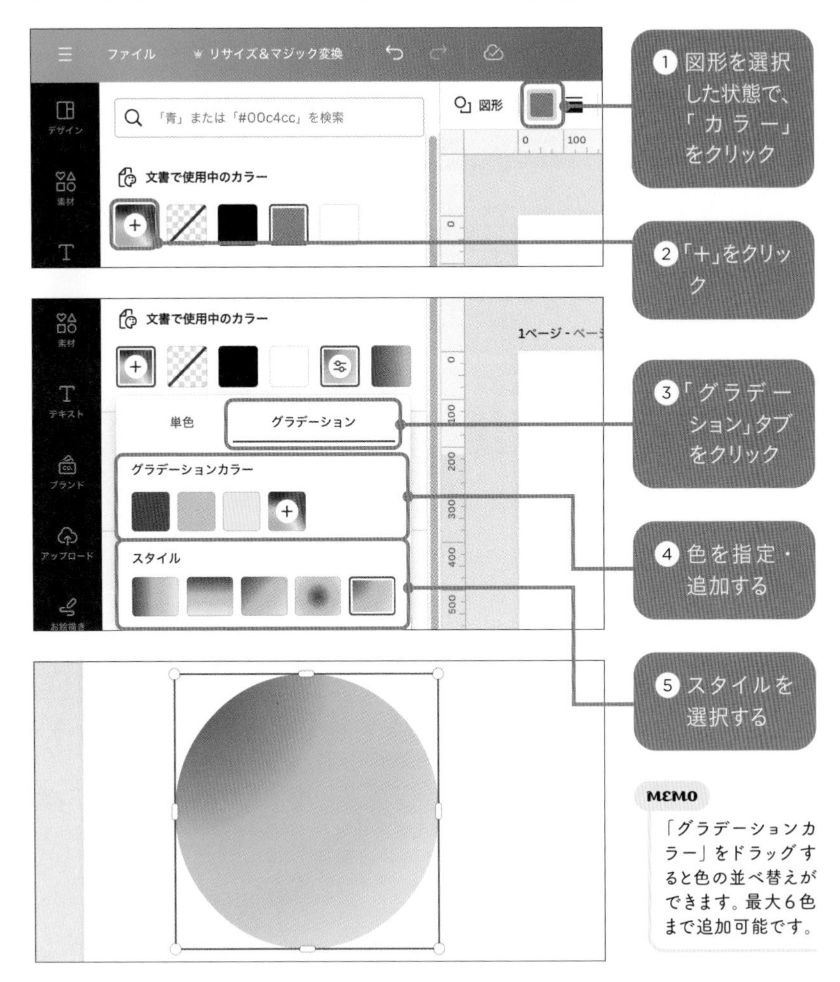

① 図形を選択した状態で、「カラー」をクリック

② 「+」をクリック

③ 「グラデーション」タブをクリック

④ 色を指定・追加する

⑤ スタイルを選択する

MEMO

「グラデーションカラー」をドラッグすると色の並べ替えができます。最大6色まで追加可能です。

無料版 プロ版

Tips! 78

好きな色をパレットに登録する

Canvaのカラーパレットに、無料版でも3色まで自分の好きな色を登録しておくことができます。よく使う色を登録することで効率よく作業できたり、制作物のカラーに統一感を持たせたりできて便利です。

カラーパレットに色を登録する

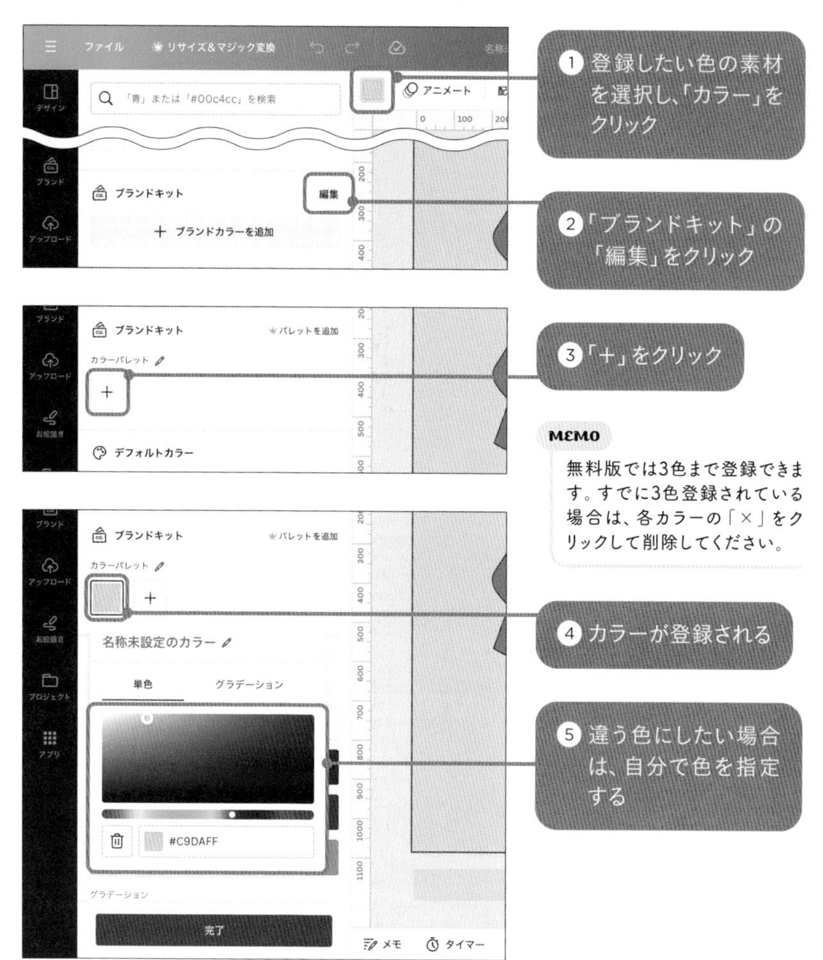

1 登録したい色の素材を選択し、「カラー」をクリック

2 「ブランドキット」の「編集」をクリック

3 「+」をクリック

4 カラーが登録される

5 違う色にしたい場合は、自分で色を指定する

MEMO

無料版では3色まで登録できます。すでに3色登録されている場合は、各カラーの「×」をクリックして削除してください。

カラーパレットを追加する（プロ版のみ）

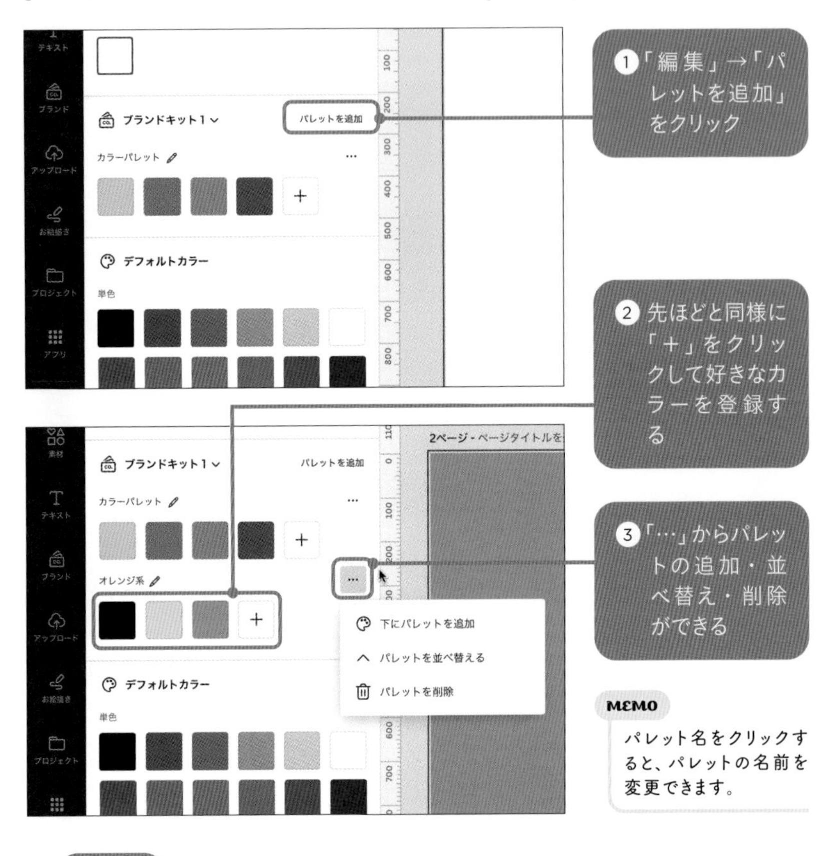

MEMO

パレット名をクリックすると、パレットの名前を変更できます。

POINT ブランドキットを切り替える

ブランド名をクリックするとブランドキットを切り替えることができます（→P.46）。SNSやプロジェクトごとにカラーパレットを使い分けると便利です。

Tips! 無料版 プロ版

79 いつでも参照できる配色メモをつくる

Canvaでは、デザインに含まれるカラーが「使用中のカラー」として表示されます。その色を含んだ素材を消すと「使用中のカラー」からも消えてしまうので、いい配色が見つかったときは、デザインのどこかに配色メモを残しておくと便利です。

「使用中のカラー」を利用した配色メモをつくる

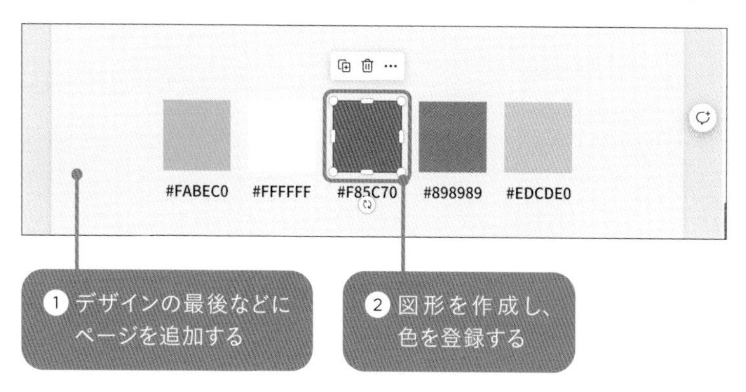

① デザインの最後などにページを追加する

② 図形を作成し、色を登録する

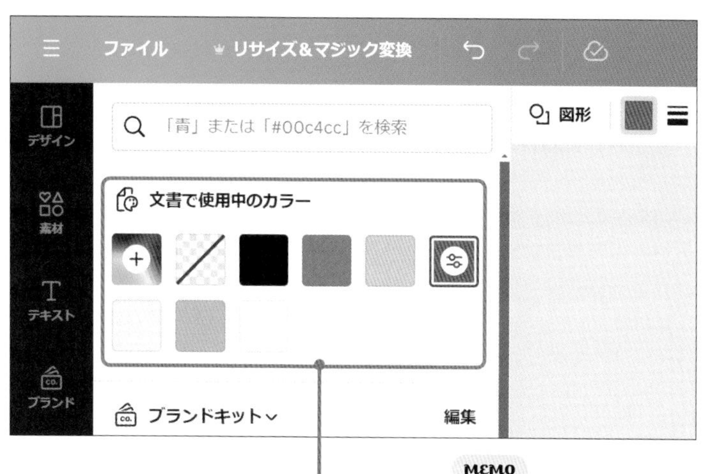

③「使用中のカラー」に登録した色が表示される

MEMO

配色メモにカラーコードを記載しておくと、「使用中のカラー」から消えてしまったときも検索ができるので便利です。

第5章 配色のデザインワザ！ カラーの登録

無料版 プロ版

Tips! 80

好きな色からグラデーションのカラーパレットをつくる

おしゃれな配色を考えるのはなかなか難しいですが、「Shade」というアプリを使うときれいなグラデーションのカラーパレットをかんたんに作成できます。トーンを統一したいデザインや素材の配色に役立ちます。

グラデーションのカラーパレットを作成する

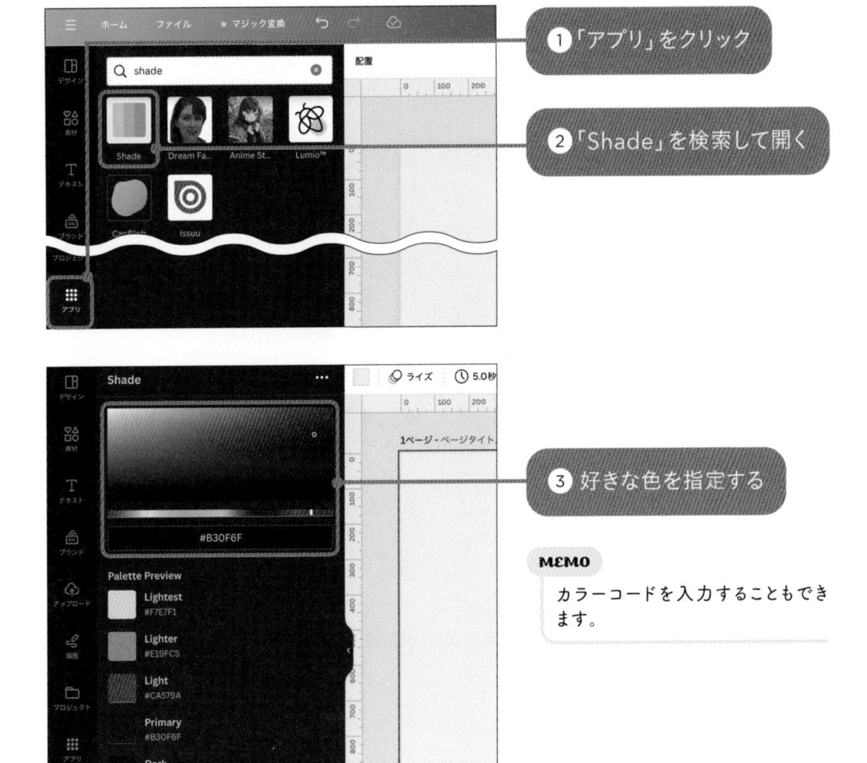

MEMO

カラーコードを入力することもできます。

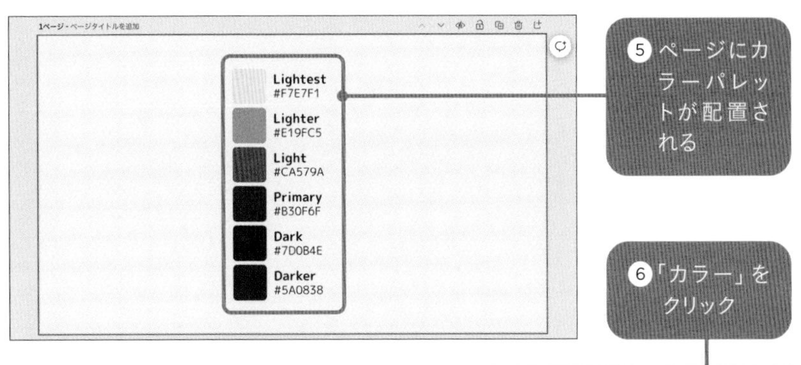

5 ページにカラーパレットが配置される

6「カラー」をクリック

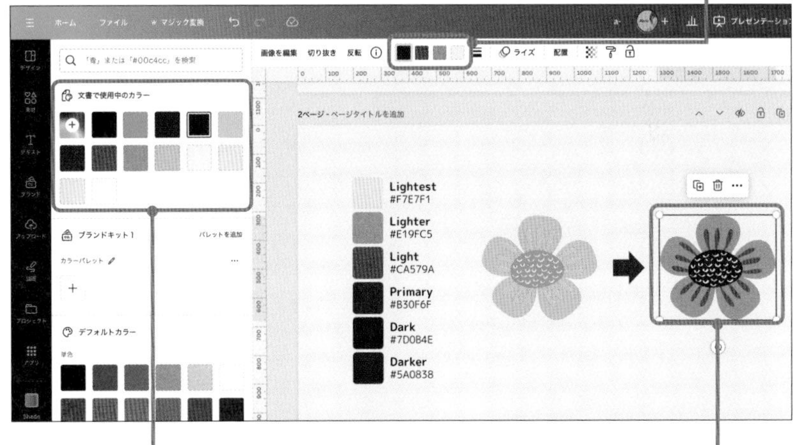

7「文書で使用中のカラー」に作成されたカラーが表示されるので、ここから使用する

8 ここではイラストの色を変えると、まとまったトーンになった

POINT

カラーをブランドキットに登録する（プロ版のみ）

Canvaプロのユーザーは作成したカラーパレットをブランドキットに登録しておくと、ほかのデザインでもこの配色を使用できます。

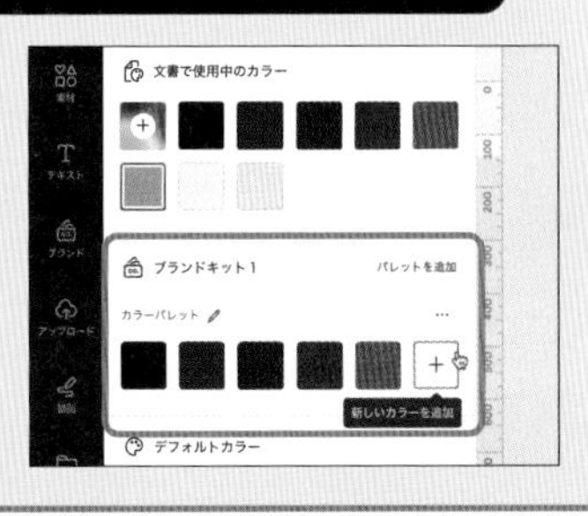

無料版 プロ版

写真のカラーをデザインに適用する

デザインの中心になる写真を選択して、それに合った配色をページ全体に適用させることができます。簡単に写真とマッチした配色ができるおすすめの機能です。ランダムで配色されるので繰り返し試してみましょう。

ページに写真のカラーを適用する

1 写真を選択し、右クリックする

2「ページにカラーを適用」をクリック

3 写真のカラーがデザインに適用される

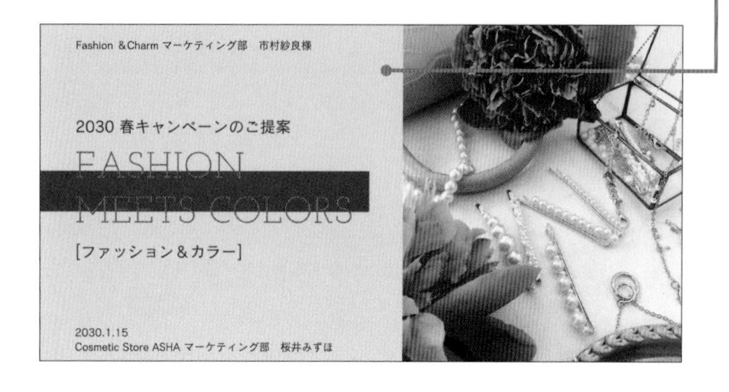

④ 手順1〜2を繰り返すと、また別のカラーが適用される

⑤ 好みのカラーになるまで繰り返す

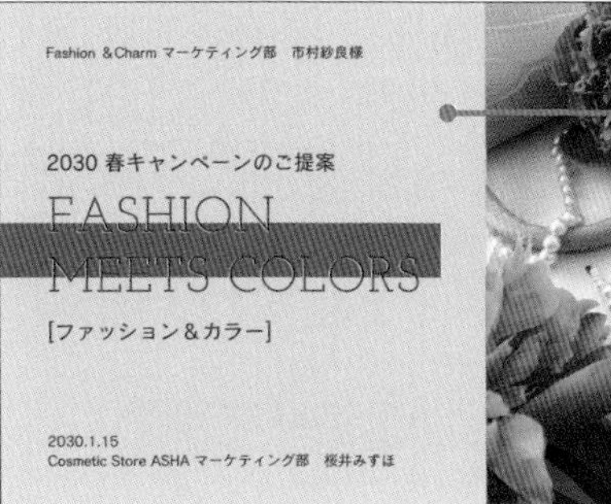

POINT

過去のカラーパターンから選ぶ

「前のカラーがよかった」と思ったときは、「元に戻す」「やり直す」から過去のカラーパターンを復元できます。また、元に戻すのはCtrl(command)+Zキー、やり直すのはCtrl(command)+Shift+Zキーもしくは Ctrl(command)+Yキーでも行えます。

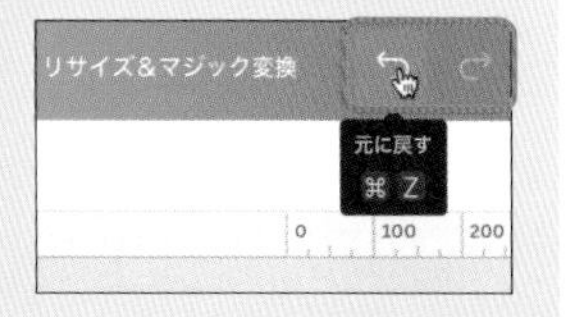

無料版 プロ版

スタイルから色の組み合わせを選ぶ

Canvaには「スタイル」という色やフォントの組み合わせが用意されています。デザイン全体の雰囲気を大きく変えたいときに使ってみましょう。あらかじめ設定したブランドキットを適用することや、イメージに合わせたスタイルの検索も可能です。

スタイルを選んで配色を一括変更する

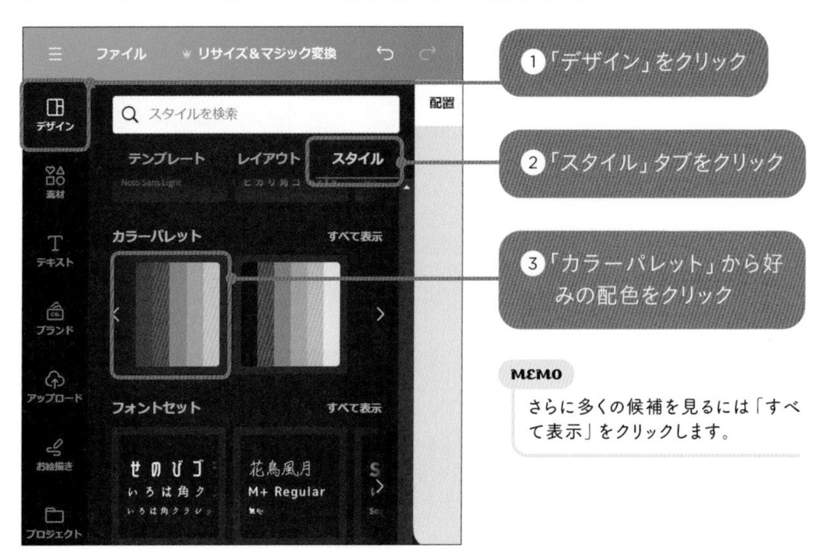

MEMO

さらに多くの候補を見るには「すべて表示」をクリックします。

POINT 配色とフォントをまとめて変更する場合

手順3の画面には、配色とフォントがセットになった「組み合わせ」が表示されています。「組み合わせ」から選ぶことで、ページの配色もフォントもまとめて変更することができます。ほかにも、写真などのイメージから選べる「イメージパレット」、あらかじめ設定した「ブランドキット」などから選ぶことができます。

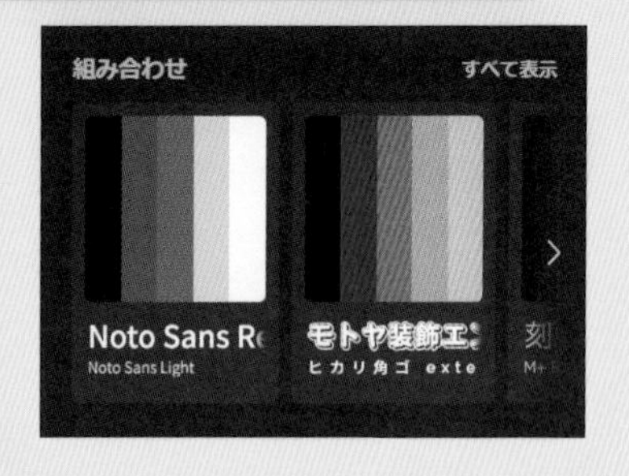

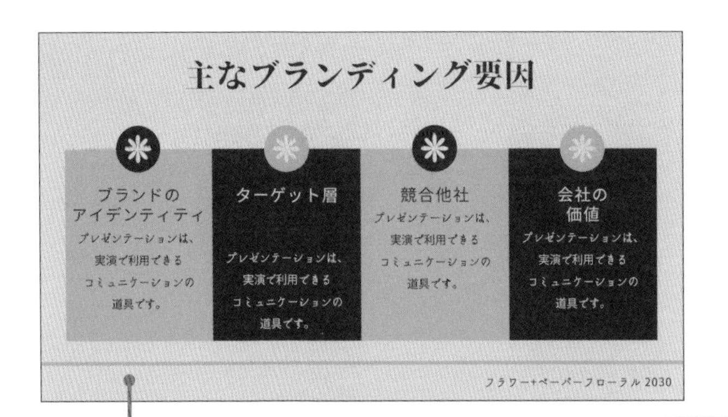

④ページに配色が適用される

⑤同じ項目をもう一度クリックすると、配色は同じまま、カラーの配置がランダムに変更される

MEMO

「すべてのページに適用」をクリックすると、デザインの全ページにその配色が適用されます。

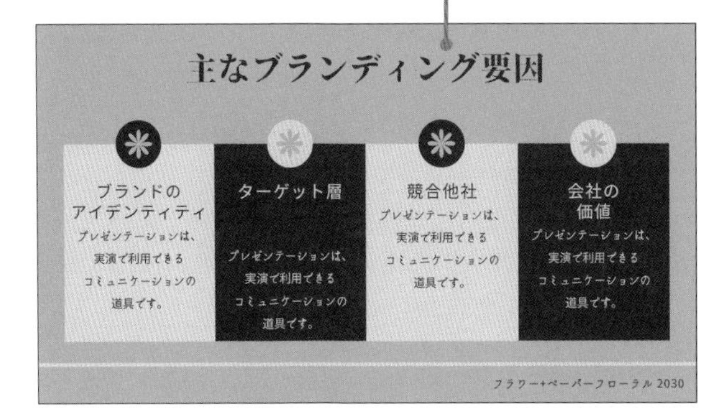

POINT バラバラのカラーを揃えたいときにも便利

いろいろな素材や装飾を加えているうちに、なんだか色のまとまりがなくなってしまった経験はありませんか？ページ全体の色を絞ってまとめたいときにもこの機能は便利です。

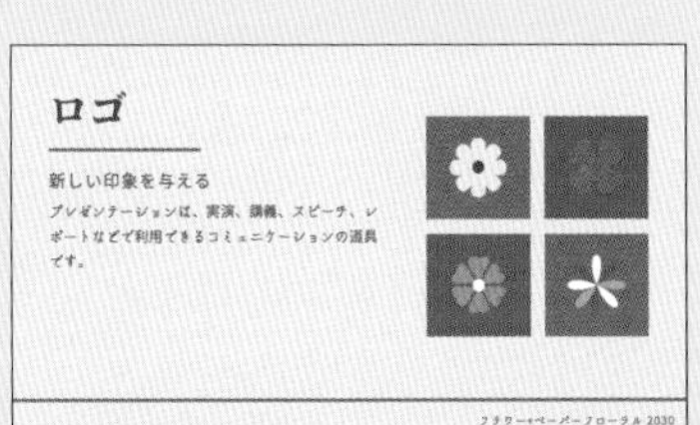

無料版 プロ版

好きなテンプレートから色とフォントを適用する

あらかじめ用意されたスタイルからだけではなく、テンプレートからも色やフォントを現在のデザインに反映させることが可能です。たくさんのテンプレートから、配色のインスピレーションを得ることができますよ。

テンプレートのスタイルを適用する

1 今回はこのデザインを変更する

2「デザイン」をクリック

3 色の名前などで検索し、テンプレートを絞る

4 スタイル（カラーとフォント）を適用したいテンプレートの「…」をクリック

MEMO

テンプレート上で右クリックでもOKです。

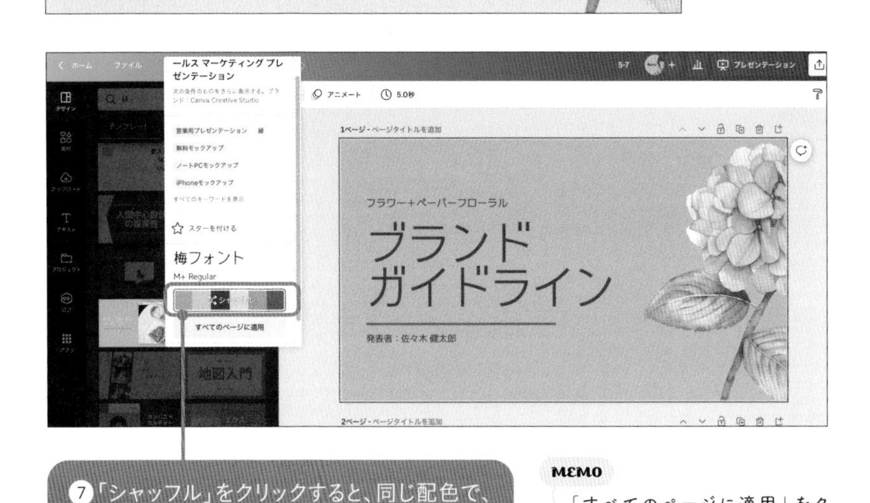

MEMO

「すべてのページに適用」をクリックすると、デザインの全ページにその配色が適用されます。

無料版 プロ版

Tips! 84

デザイン内の同じ色を一括で変更する

デザインを作成している途中で、ある色をすべて別の色に変えたいと思ったときは、カラーパレットで「すべて変更」を押すと、全ページを対象に、その色を一括で置き換えることができます。

色を一括で置き換える

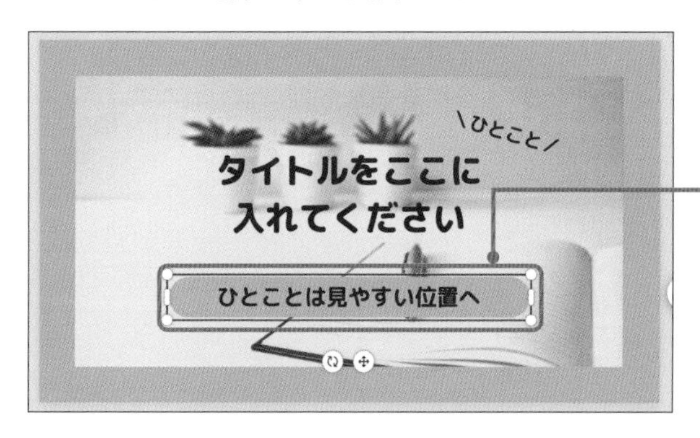

① 変更したいカラーが設定された素材を選択する

MEMO

同じ色が複数の素材に設定されている必要があります。

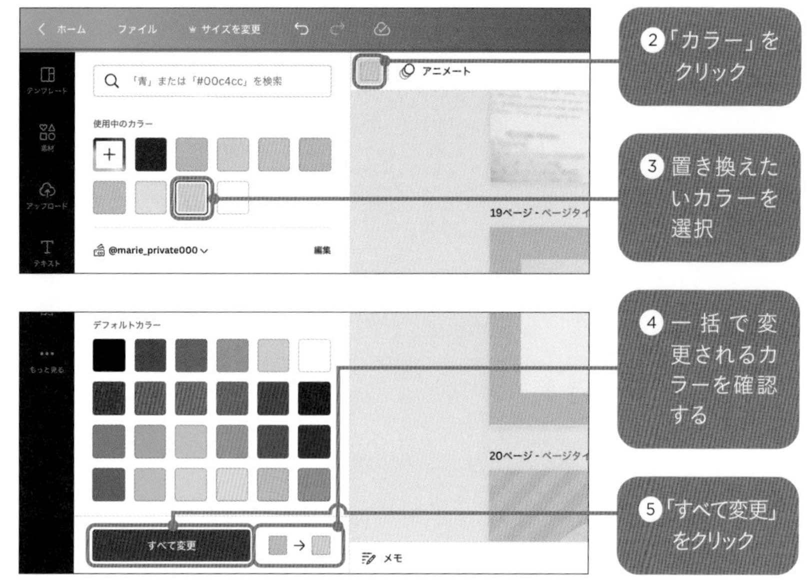

②「カラー」をクリック

③ 置き換えたいカラーを選択

④ 一括で変更されるカラーを確認する

⑤「すべて変更」をクリック

⑥ はじめに選択した色が、すべてのページで指定の色に置き換えられる

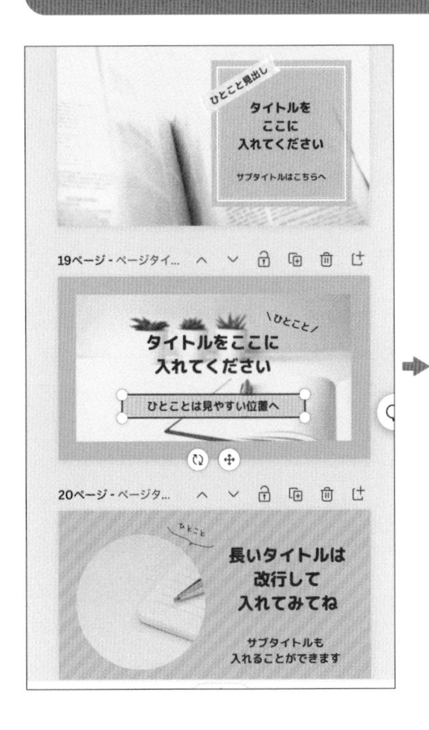

POINT テンプレートのアレンジにも便利！

この機能は、テンプレートのカラーを一部分アレンジしたいときにも便利です。色を変えるだけで、印象をガラッと変えることができます。下の例では、ピンクの部分を一括でグリーンに変更してみました。

COLUMN

言語切り替えで新機能をおためし

Canvaには続々と新機能が追加されていますが、新機能は英語圏から解禁されることが多く、日本語環境では未対応の場合も多いです。しかし、言語設定を英語にすることで、いち早く最新の機能を利用することができます。最新機能が気になる方はチェックしてみてください。

言語設定を英語に切り替える

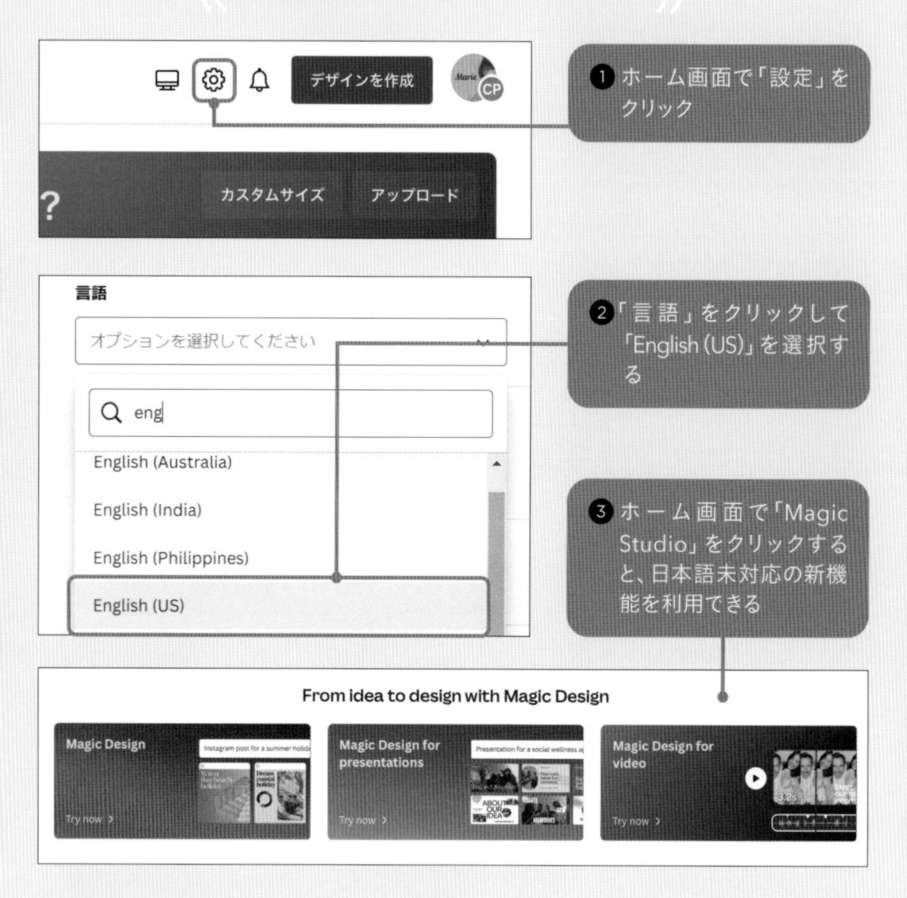

MEMO

- Magic Design：作成したいイメージを入力すると、ぴったりのテンプレートを提案してくれる
- Magic Design for presentations：作成したいプレゼンテーションのデザインと内容まで提案してくれる
- Magic Design for video：写真と動画をアップロードして、作成したい動画のイメージを入力すると自動で音楽付きの動画に編集してくれる

第6章

文字のデザインワザ!

Canva

無料版 プロ版

イベントにマッチしたテキスト素材を探す

Canvaにはさまざまなテキスト素材が用意されていて、イベント名など目的に合わせたキーワードで検索することができます。バナーやメッセージカードのタイトルにぴったりなフォントの組み合わせを探してみましょう。

イベント名でテキスト素材を検索する

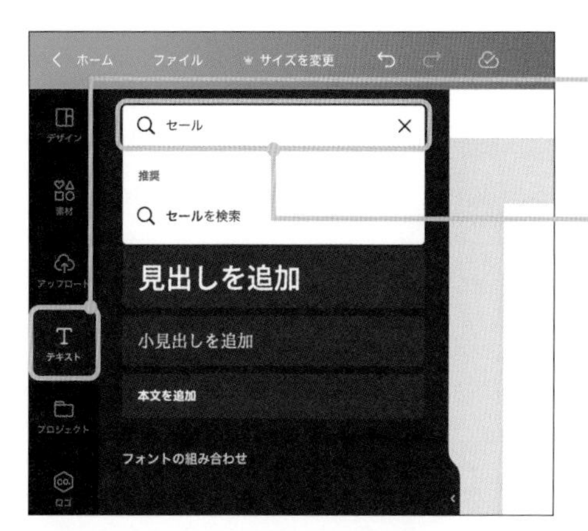

1 「テキスト」をクリック

2 探したい文字に合わせてイベント名などで検索する

3 キーワードに合う「フォントの組み合わせ」が表示される

MEMO

「フォントの組み合わせ」とは、フォントや文字間隔などが設定されたデザイン済みのテキスト素材のことです。

4 使用したい素材をクリックしてページに配置する

素材を配置して編集する

① 文字をダブルクリックして書き換える

② 必要に応じて色やフォントサイズを変更する

MEMO

編集しづらい場合は、文字上で右クリックして「グループ解除」するとやりやすいです。

POINT こんなキーワードで検索してみよう

タイトル・サブタイトルなどがバランスよく組み合わせてあるので、このまま文字を打ち替えて調整するだけでデザインの主役になれそうなタイトルが完成します。

ハロウィン

パーティ

クリスマス

無料版 プロ版

86 イメージ通りのフォントをすばやく探す

Canvaの中にあるたくさんのフォントの中から、キーワードで検索することでイメージに合ったフォントを見つけることができます。ここでは、検索におすすめのキーワードもいくつか紹介します。

フォントをキーワードで検索する

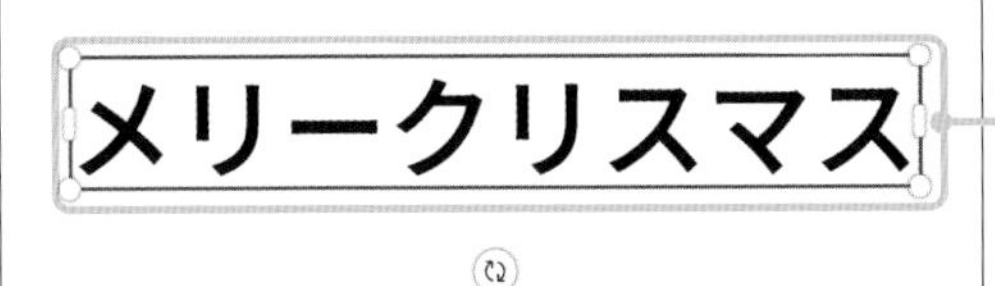

1 フォントを変更したい文字を選択する

2 フォント欄をクリック

3 フォントの種類や雰囲気などで検索する

MEMO

検索窓のすぐ下に「ディスプレイ」「カーリー」などのカテゴリーが用意されているので、そこから選択してもOKです。

POINT 検索におすすめのワードの例

A：丸ゴシック・ラウンド・Rounded…角が丸まった柔らかいフォントを探したいときに
B：筆・ブラシ・Brush…筆で書いたようなフォントを探したいときに
C：アウトライン・Outline…縁取りされたフォントを探したいときに
D：筆記体・スクリプト・Script…筆記体のようなフォントを探したいときに

A

メリークリスマス
メリークリスマス
メリークリスマス
メリークリスマス

B

メリークリスマス
メリークリスマス
メリークリスマス
メリークリスマス

C

Merry Christmas
Merry Christmas
MERRY CHRISTMAS
Merry Christmas

D

Merry Christmas
Merry Christmas
Merry Christmas
Merry Christmas

無料版 プロ版

87 フォントセットを選んでデザインの印象を変える

プレゼンテーションなどのテンプレートのフォントを一括で変更したいときは「フォントセット」が便利です。見出しや小見出しのフォントの組み合わせに悩むことなく、おすすめの組み合わせに変更することができます。

ページ内のフォントを一括で変更する

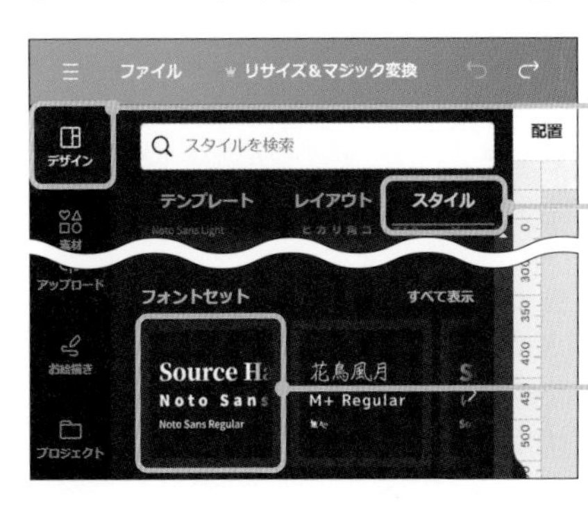

1 「デザイン」をクリック

2 「スタイル」をクリック

3 「フォントセット」から好みのものをクリック

4 ページにあるフォントが一括で変更される

MEMO

「すべてのページに適用」をクリックすると、ほかのページのフォントも置き換えられます。

POINT テキストスタイルに合わせて反映される

フォントセットは3つのフォントの組み合わせになっていて、それぞれのフォントは「見出し」「小見出し」「本文」の各テキストスタイルに対応しています。テキストスタイルは、テキストを新規追加するときに選択することができます（→P.28）。

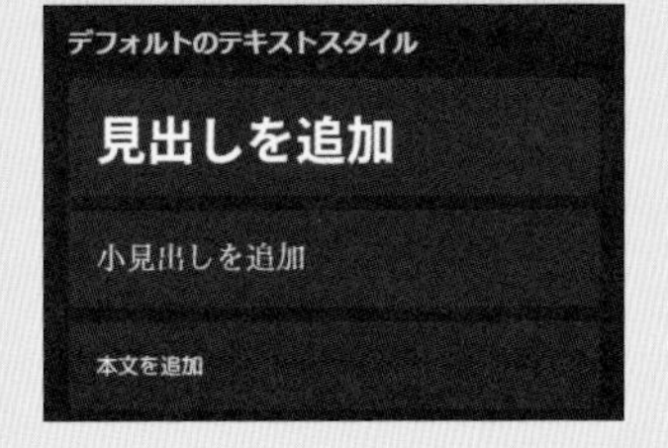

無料版 プロ版

88 お気に入りのフォントをストックする

Canvaには素敵なフォントがたくさんありますが、ブランドキットの機能（→P.168）を除き、今のところフォントのお気に入り機能がありません。この方法でお気に入りフォントをストックしておくと便利です。

フォントリストを作成する

1 ホーム画面で「デザインを作成」をクリック

2 「Instagramの投稿」をクリック

MEMO
特に大きさに決まりはないので、好きなサイズでOKです。

3 「テキスト」をクリック

4 「テキストボックスを追加」をクリック

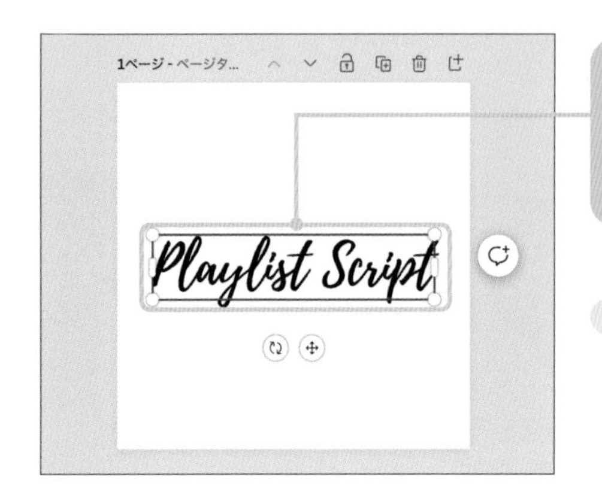

⑤ 気に入ったフォントを適用し（→P.162）、1ページを使ってフォント名をメモする

MEMO

フォント名に限らず「AaBbCc」や「Hello」など決まった単語を入力し、フォントを適用させるのもいいですね。

⑥ 同様にいくつか入力し、サムネイル表示するとこのようになる

⑦「ファイル」をクリック

⑧ ペンのアイコンをクリックし、わかりやすい名前をつけて保存しておく

MEMO

今回は「フォント」という名前をつけました。

デザイン作成中にフォントを呼び出す

無料版 プロ版

Tips!

よく使うフォントのスタイルを登録する

よく使うフォントや文字のサイズは「ブランドキット」に登録することで、デザイン作成中にすぐに呼び出すことができます。Canvaプロの機能ですが、作業効率がUPするのでぜひ利用してほしいです。

ブランドフォントを設定する

1「テキスト」をクリック

2「ブランドキット」の「編集」をクリック

フォント
タイトル
サブタイトル
見出し
小見出し
セクションのヘッダー

3「見出し」など、設定したいテキストをクリック

MEMO

見出し・小見出し・本文を設定すると、編集画面の「デフォルトのテキストスタイル」が設定した内容に置き換わります。

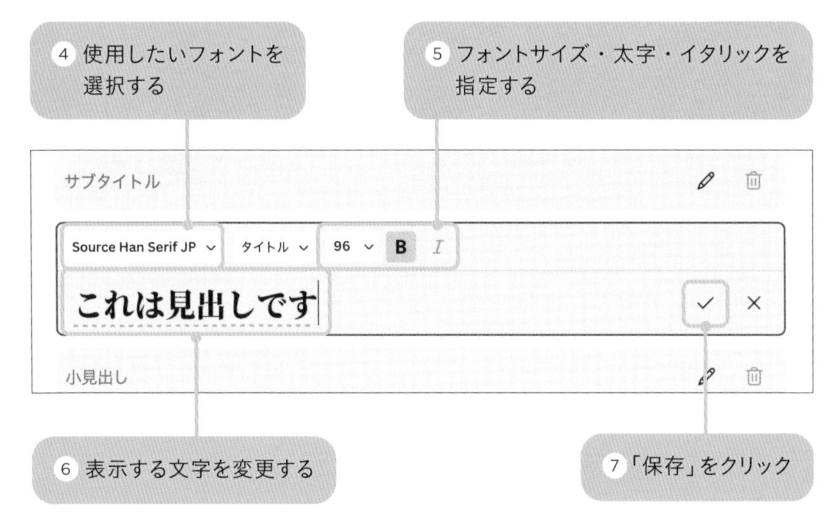

POINT

文字をブランドフォントに変更する

ページで文字を選択後、フォント欄→「テキストスタイル」タブをクリックするとブランドフォントが表示されます。設定したいものをクリックすると、フォントを変更できます。

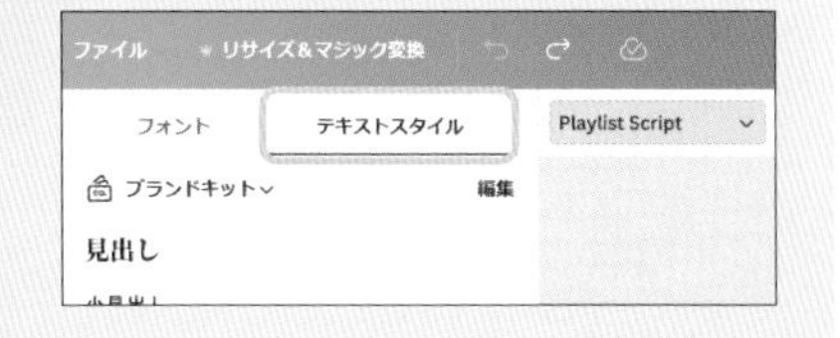

無料版 プロ版

フォントをインストールして使う

Canvaプロではフリーフォントや購入した有料フォントなど、フォントをCanvaにインストールして使用することができます。お気に入りのフォントをCanvaで使ってみましょう。

ブランドフォントにアップロードする

アップロード済みのフォント

ファイルをここにドロップ、または

ファイルを選択

5 あらかじめ保存しておいたフォントデータをアップロードする

以下の点を確認してください

独自のカスタムフォントをアップロードすることにより、**bananaslipplus.otf**を所有していること、またはそのフォントを意図した目的に使用する権利があることを認めます。

キャンセル　はい、すぐにアップロードします。

6 内容を確認し、「はい、すぐにアップロードします」をクリック

MEMO

フォントは利用規約を必ず確認し、許可された範囲で使用しましょう。

7 文字を選択してフォント欄をクリック

8「アップロード済みのフォント」が表示されるので、ここからアップロードしたフォントを使用する

MEMO

アップロードしたフォントを削除するときは、再度手順1～4を行い、削除したいフォントの「ゴミ箱」アイコンをクリックします。

無料版 プロ版

Tips!

文字の間隔を見やすく調整する

フォントによっては文字の間隔が詰まって見えたり、広がって見えたりすることがあります。そんなときは文字間隔を調整しましょう。間隔を広げることでゆとりのある印象に、狭めることでシャープさや緊張感のある印象になります。

文字間隔を調整する

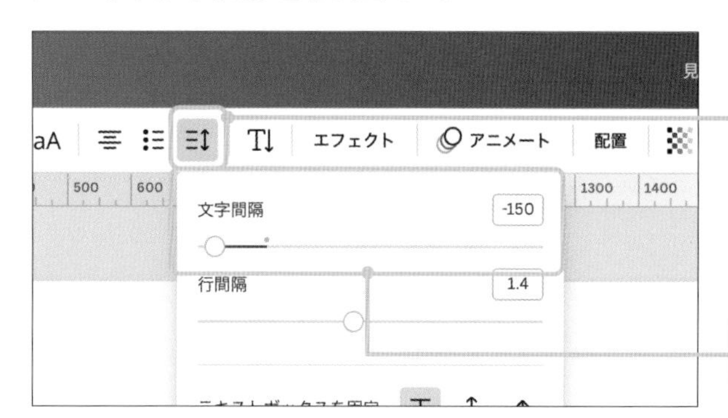

1 テキストを選択した状態で、「スペース」をクリック

2 「文字間隔」を調整する

おはようございます

おはようございます

3 テキスト全体の文字間隔が広くなる

MEMO

執筆時点では、1文字ずつの字間を調整することはできません。

POINT 行ごとに文字間隔を変える

複数行のテキストは、行を選択してから文字間隔を調整することで、指定した行ごとに文字の間隔を変えられます。

Tips! 92

無料版 プロ版

テキスト位置を固定して行間隔を調整する

行間隔を調整したいときに覚えておくと便利な機能です。テキストボックスの上部・中央・下部のうち、どこを基準にして行間隔を拡大・縮小するか選択することができます。

行間隔を調整する

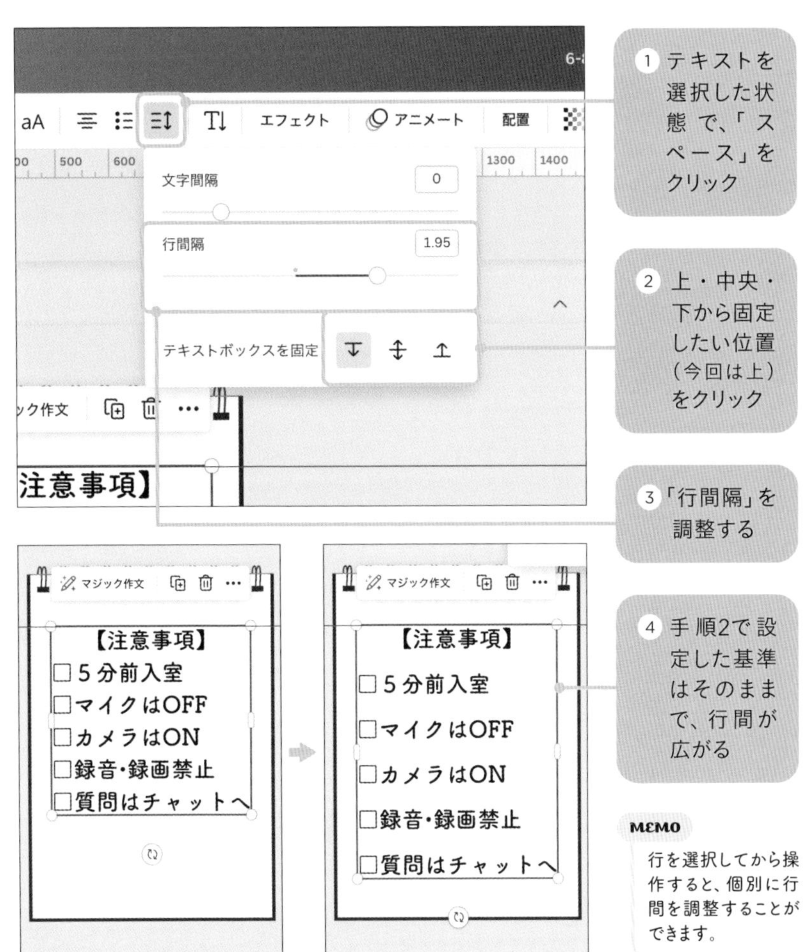

① テキストを選択した状態で、「スペース」をクリック

② 上・中央・下から固定したい位置（今回は上）をクリック

③「行間隔」を調整する

④ 手順2で設定した基準はそのままで、行間が広がる

MEMO
行を選択してから操作すると、個別に行間を調整することができます。

無料版 プロ版

93 テキストを検索して置き換える

Canvaで文章を作成するときに、デザイン内のテキストを検索することができます。検索したテキストを別の言葉ですべて置き換えたり、ひとつずつ確認しながら置き換えたりすることも可能です。

テキストを検索して置き換える

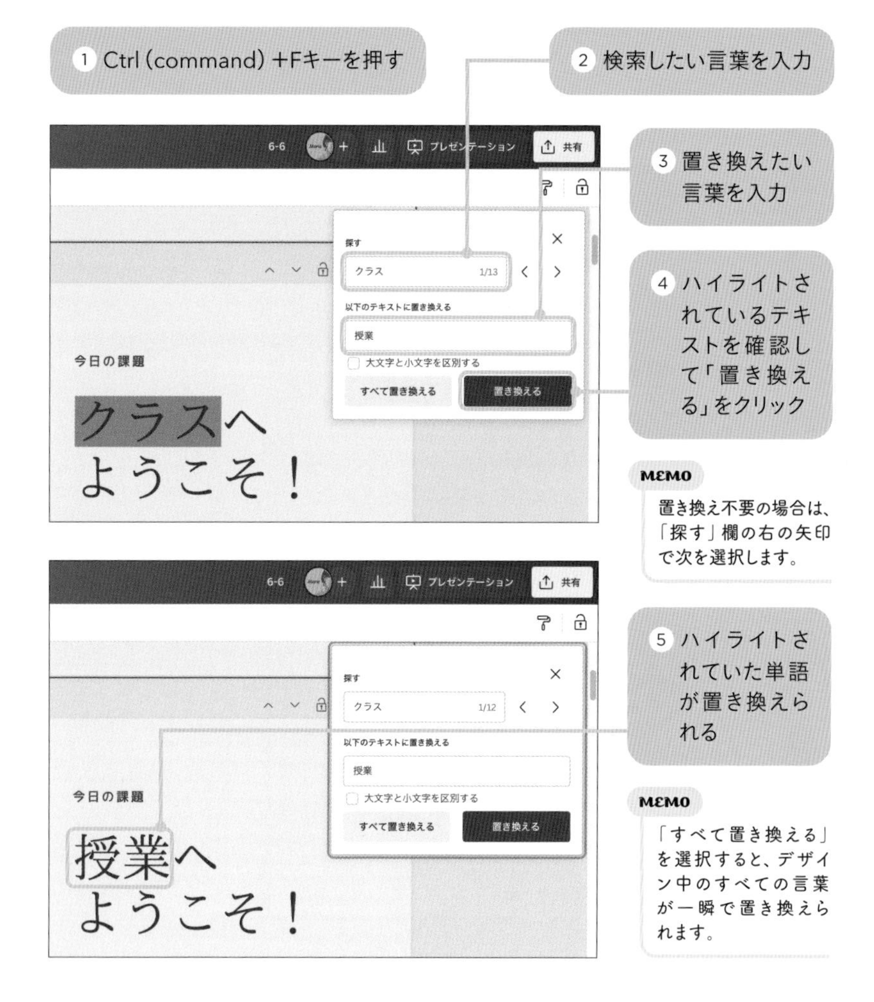

MEMO
置き換え不要の場合は、「探す」欄の右の矢印で次を選択します。

MEMO
「すべて置き換える」を選択すると、デザイン中のすべての言葉が一瞬で置き換えられます。

テキストの大きさや色をコピーする

「別のページで使ったあのフォントと大きさ、同じものが使いたいな……」そんなときに便利なのが「スタイルをコピー」機能です。この機能は、フォントだけでなく、素材やページを対象に、色・透明度・フィルターなどをコピーできます。

スタイルをコピーする

1 スタイルをコピーしたいテキストを選択する

2「…」→「スタイルをコピー」をクリック

3 カーソルがローラーに変わるので、スタイルを貼り付けたい文字をクリック

4 文字のスタイルがコピーされる

無料版 プロ版

95 テキストに影やフチのエフェクトを加える

文字を目立たせたいときやアクセントを加えたいときに、Canvaでは文字にエフェクトをかけて装飾することができます。影付きやスプライスなど好きなスタイルを選んで、カラーや透明度などを調整してみましょう。

文字に影をつける

1 エフェクトをつけたいテキストを選択する

2「エフェクト」をクリック

3「影付き」をクリックすると、文字に影がつく

4 影の距離や透明度を調整する

5「カラー」で影の色を指定する

MEMO

設定できる項目はエフェクトによって異なります。

文字に縁取りをつける

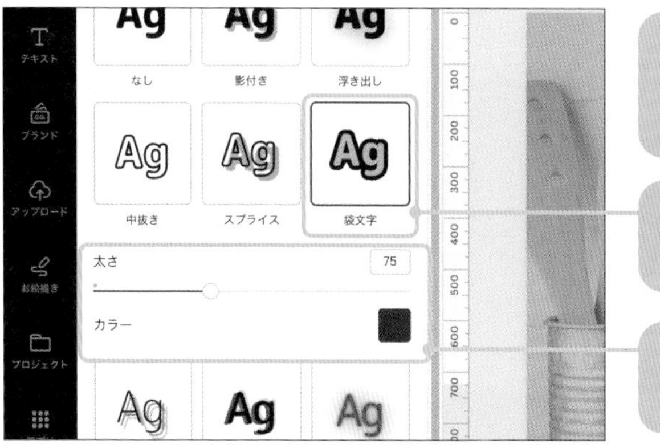

1 テキストを選択し、「エフェクト」をクリック

2「袋文字」をクリック

3 縁取りの太さと色を調整する

4 縁取りが設定される

MEMO

縁取りの中の色は、テキストの「カラー」から設定します。

MEMO

エフェクトを解除するには、「なし」をクリックします。

POINT

Canvaでできる文字エフェクト一覧

ひとつのテキストに設定できるエフェクトは1種類のみですが、各エフェクトの数値を調整することで、いろいろな装飾ができます。

無料版 プロ版

テキストをアーチ状に湾曲させる

エフェクトの「湾曲させる」を使って、テキストをアーチ状にしてみましょう。カーブの強さも自由に調整できます。リボンの素材と組み合わせたり、文字を円状に並べたり、いろいろなアレンジに使えます。

文字を湾曲させる

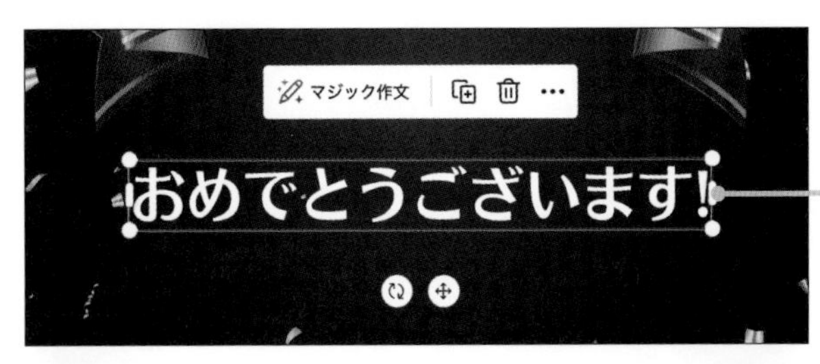

1 テキストを選択し、「エフェクト」をクリック

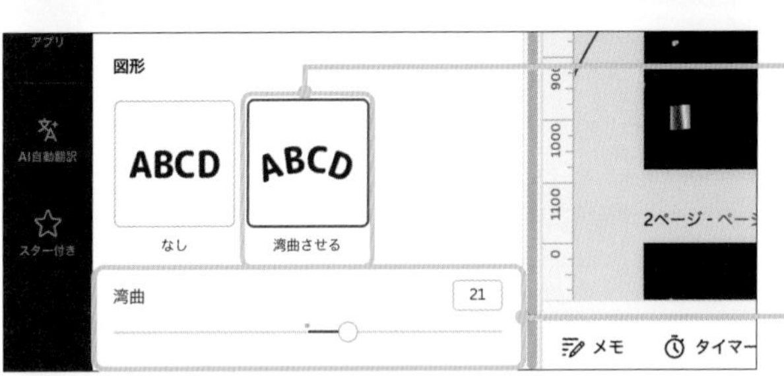

2 「湾曲させる」をクリック

3 「湾曲」でカーブの度合いを調節する

4 文字がアーチ状になる

MEMO

「湾曲させる」エフェクトは、ほかのエフェクトと併用できます。

Tips!

無料版 プロ版

97 文字を見やすくするテクニック

背景画像に文字を重ねたときになんだか見づらいな……と思ったときに。これまでに紹介してきた方法に文字のエフェクトを組み合わせて、文字を見やすくする工夫をしてみましょう。

文字が見にくいデザイン例

下の画像は文字が見えにくくなってしまったデザイン例です。白っぽい背景や小物に重なっている、という色の問題もありますが、それ以外にも次の2つの原因が挙げられます。

- 背景と文字のコントラストが不足している
- 背景写真の情報量が多い

ここではこの2つのポイントを意識して、テキストが見やすくなるように改善したデザイン案をご紹介します。

編集前の画像

「背景を暗く」＋「テキストに影」

背景設定のポイント

ライト

明るさ	-48
コントラスト	0
ハイライト	0
シャドウ	0

- 背景画像を選択し、「写真を編集」→「明るさ」を下げる

テキスト設定のポイント

- 文字を選択し、「エフェクト」から「影付き」を選ぶ
- カラーは、スポイトで壁の影を取得する

MEMO

影のカラーに写真の中の色を使うことで、重たくなりすぎず自然になじみます。

「背景を透明に」＋「テキストにスプライス」

背景設定のポイント

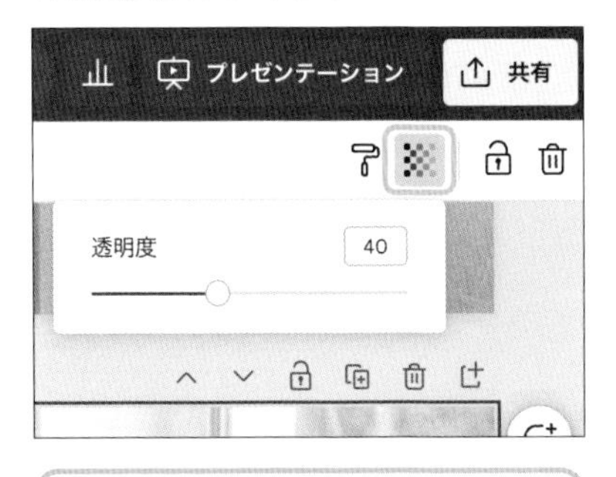

背景画像を選択し、「透明度」から透明度を下げる

テキスト設定のポイント

タイトルの文字を選択し、「エフェクト」から「スプライス」を選ぶ

MEMO

「太さ」が太すぎると文字が潰れてしまうことがあります。繊細さやキレイな印象を与えることができる細めにするのがおすすめです。

「背景をぼかす」＋「テキストに背景」

背景設定のポイント

く　ぼかし

ブラシ　画像全体

強度　34

背景画像を選択し、P.119の方法で画像全体にぼかしをかける

テキスト設定のポイント

サブタイトルの文字を選択し、「エフェクト」から「背景」を選ぶ

図形を追加して透明度を調整

図形設定のポイント

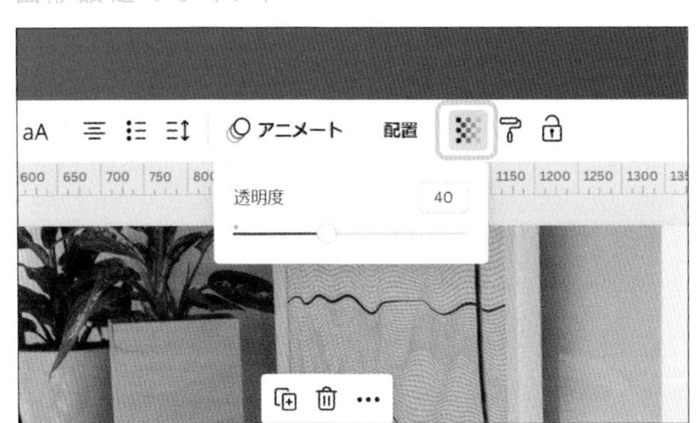

- タイトルの後ろに横長の長方形を追加する
- 図形を選択し、「透明度」から透明度を下げる

POINT

図形を使ったバリエーション

図形の形やカラー、透明度を変えることで別の印象にすることもできます。

背景より少し小さめの長方形に白

背景と同じ大きさの長方形にグリーン

Tips!

無料版 プロ版

98 文字にグラデーションや背景をつける［フレーム編］

Canvaのテキスト機能の中には、文字に背景をつける機能はありませんが、工夫すればかんたんに作成することができます。ここでは、いくつかある方法の中から一番シンプルなフレームを使った方法を紹介します。

フォントフレームに写真を配置する

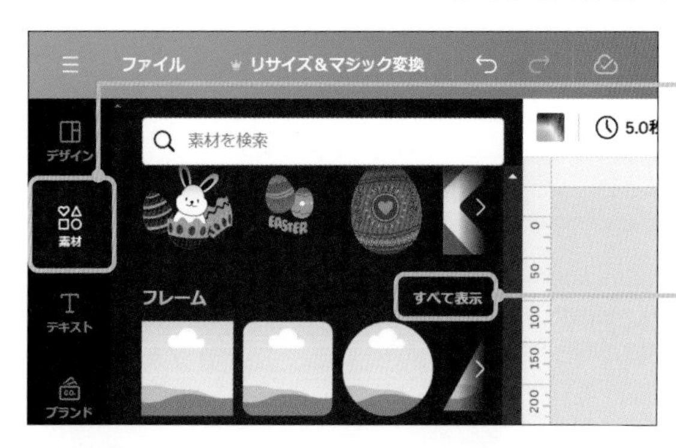

1 「素材」をクリック

2 「フレーム」の「すべて表示」をクリック

3 「文字」から使いたいフレームをクリック

4 フレームの配置を調整する

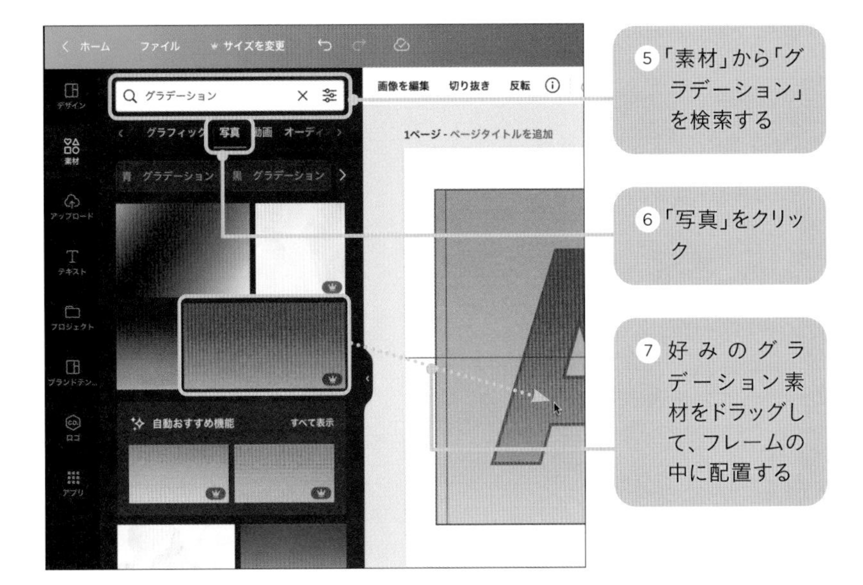

8 すべてのフレームに同じグラデーションを配置して完成

POINT フレームに写真や動画を入れる

フレームごとに写真を入れても面白いですね。なお、フレームにはほかに動画を入れることもできますが、グラフィック素材は入れられないので注意してください。

POINT フォントのフレームの探し方

手順3の画面で「letter」と検索すると、ほかにもいろいろなフォントのフレームを見つけることができます。また、好きなフォントフレームを見つけたら、素材の名前で再検索すると同じタイプのものを検索できます。

1「letter」で検索する

2 フレーム右上の「…」をクリック

3 素材の名前をメモして検索する

おすすめのフォントフレーム

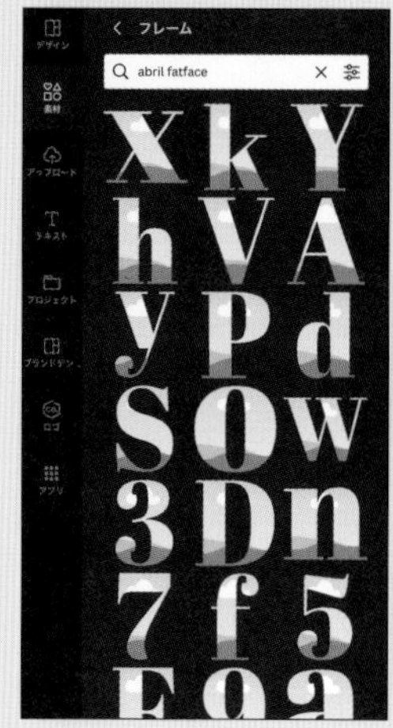

abril fatface

agrandir

tropikal

無料版 プロ版

99 文字にグラデーションや背景をつける［ブラシ編］

文字にグラデーションや背景をつけたいときに、縁取りのしっかりしたフォントなら、「背景除去」のブラシ機能を使うと便利です。文字の中だけをなぞると、きれいに背景をつけることができます。

文字に背景をつけて画像化する

1 文字の背景にしたい写真をページいっぱいに配置する

MEMO
写真を右クリックして「画像を背景として設定」をクリックするとカンタンです。

2 縁取りのあるフォントを作成する

MEMO
今回は「モトヤ装飾シャドー」を使いました。縁取りのあるフォントは「Outline」で検索すると出てきます（→P.163）。

③「共有」→「ダウンロード」をクリック

④ファイルの種類を「PNG」にする

⑤「ダウンロード」をクリック

⑥ダウンロードしたファイルをCanva上にドラッグしてアップロードする

「背景除去」からブラシで復元する

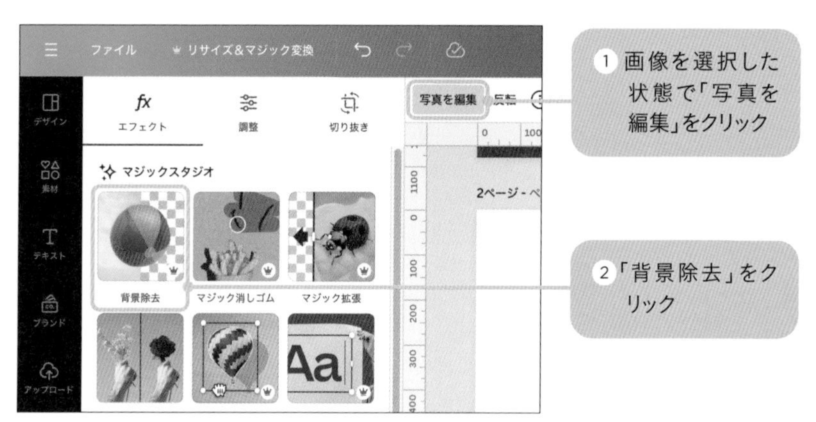

①画像を選択した状態で「写真を編集」をクリック

②「背景除去」をクリック

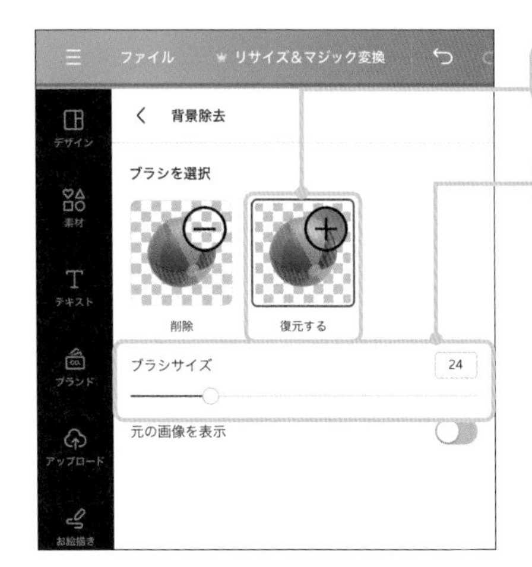

3「復元する」をクリック

4 ブラシサイズを調整する

5 縁取りの中だけを復元ブラシでなぞると、文字の中に背景が復元される

6「完了」をクリックすれば完成

MEMO

はみ出てしまったときは、Ctrl（command）+Zキーで元に戻しましょう。

無料版 プロ版

文字にグラデーションや背景をつける［背景除去編］

少し工程は複雑になりますが、「背景除去」で背景を消す作業を繰り返すと、好きな画像をフォントで切り抜くことができます。手順を確認しながら、ぜひ一緒にやってみてくださいね。

文字を切り抜く

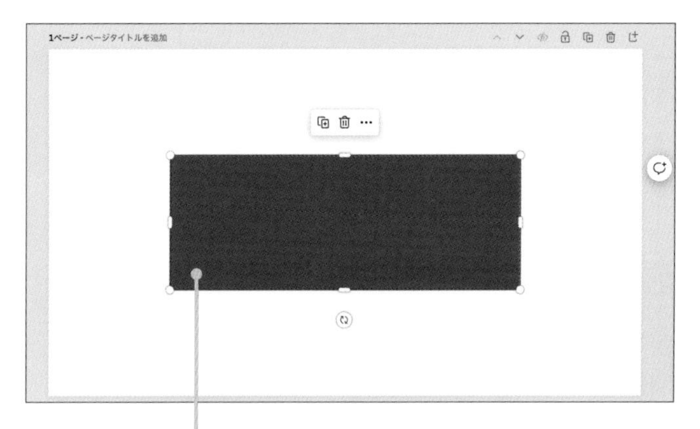

1「素材」の「図形」から四角形を配置する

MEMO

図形のカラーは濃いめの色で、背景にしたい画像とは異なる色がおすすめです。

2 テキストを配置し、文字色は「白」にする

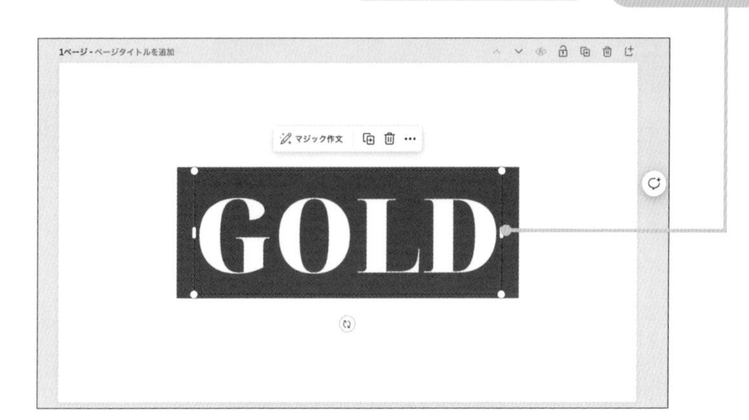

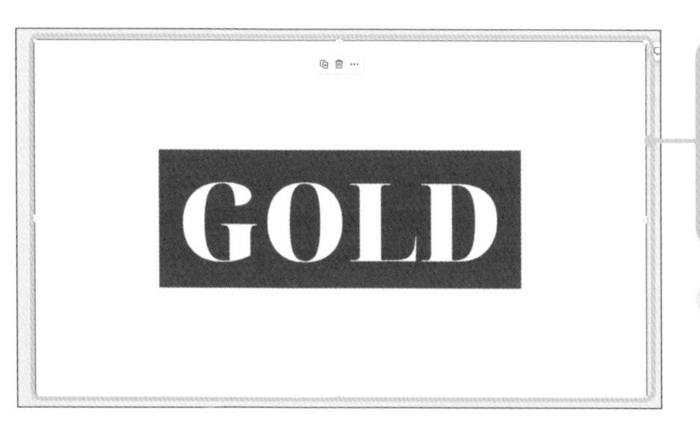

③ P.188手順3〜6の方法で、PNG画像としてアップロードする

MEMO
素材を拡大して全面に配置しておきます。

④ 画像を選択した状態で、「写真を編集」をクリック

⑤「背景削除」をクリック

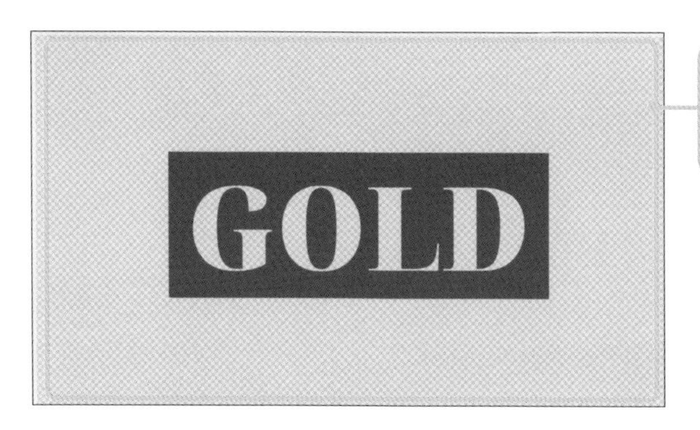

⑥ 背景が削除されたら「完了」をクリック

文字に背景をつけて切り抜く

1「素材」から、文字の背景にしたい画像をクリック

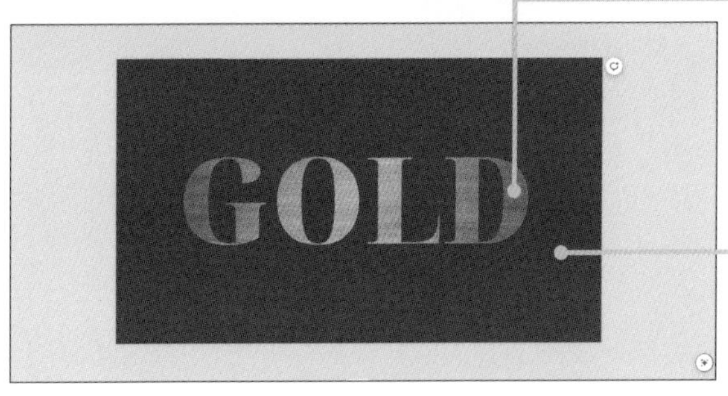

2 大きさを調整して、文字の背面に配置する(→P.32)

3 背景を図形と同じ色に変更する

MEMO

背景を選択できないときはCtrl（command）キーを押しながらクリックします。

4 再度PNG画像としてダウンロードし、Canvaにアップロードする

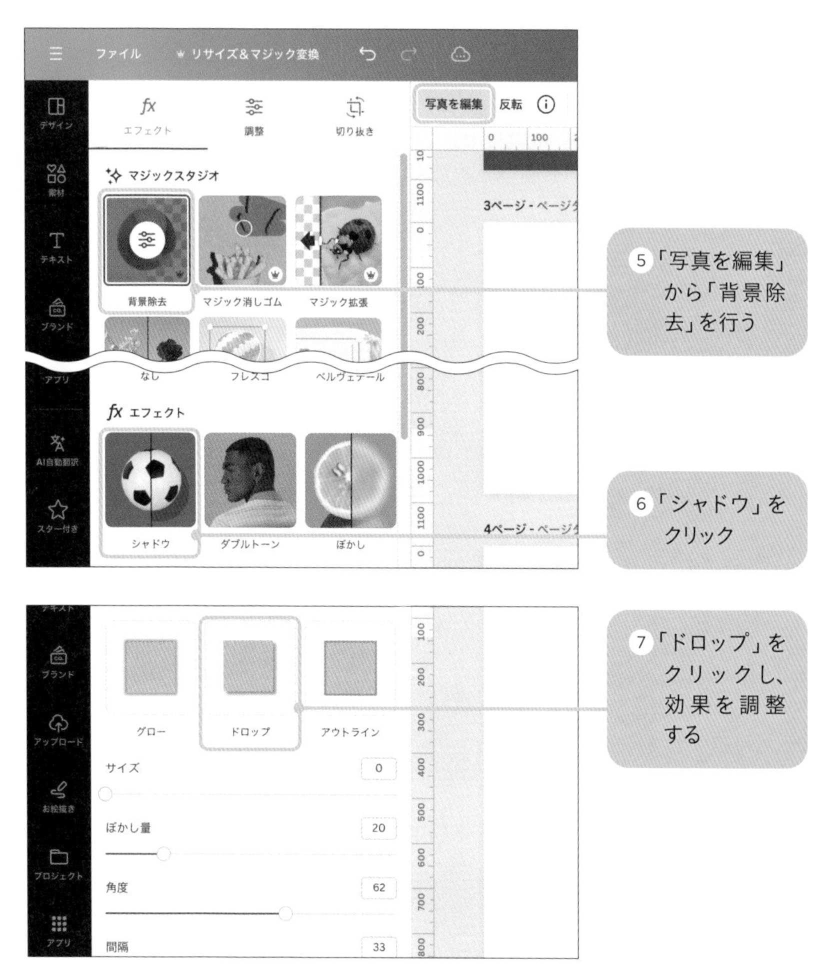

5「写真を編集」から「背景除去」を行う

6「シャドウ」をクリック

7「ドロップ」をクリックし、効果を調整する

8 完成画像は、別の写真背景の上に重ねるなどして使用する

Tips!

無料版 プロ版

101 グラデーションのロゴを作成する

Canvaでグラデーション文字をつくるのは難しいですが、「TypeGradient」というアプリを使えば直感的に作成することができます。数は少ないですが、日本語対応のフォントも用意されているので、あわせて紹介します。

TypeGradientでグラデーション文字をつくる

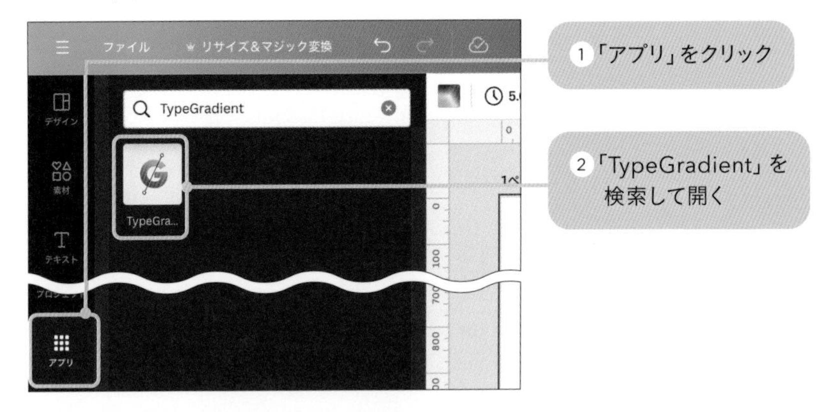

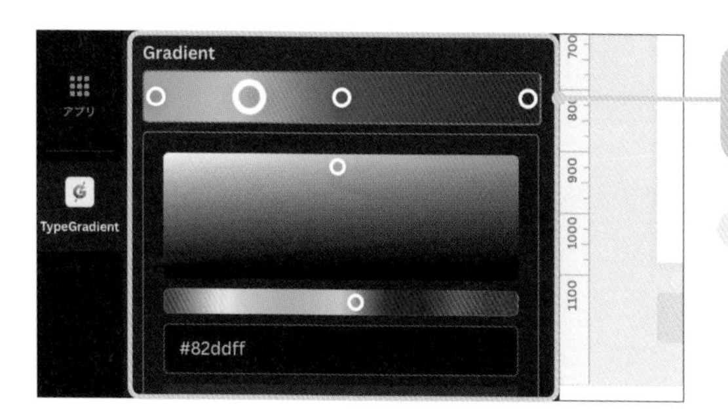

5 グラデーションの色を作成する

MEMO

グラデーションポイントをクリックで色変更と削除が、ポイント外をクリックで新規追加ができます。

6 バーをドラッグして、グラデーションの向きを調整する

7 最後に「Add to design」をクリック

MEMO

作成したロゴはクリックして再編集でき、「Update element」をクリックで編集を反映できます。

POINT

日本語が使えるフォント

Canva キャンバ 12345	Canva キャンバ 12345	Canva キャンバ 12345	Canva キャンバ 12345
Noto Serif KR(Bold)	Noto Sans HK(Bold)	Dela Gothic One	Sawarabi mincho
Canva キャンバ 12345	Canva キャンバ 12345	Canva キャンバ 12345	Canva キャンバ 12345
Potta One	Mochiy Pop One	Rampart One	Dot Gothic

無料版 プロ版

Tips!

102 テキストを変形してロゴをつくる

「TypeCraft」アプリを利用すると、文字をワープや波形、台形などに変形させることができます。今のところ対応しているのは英数字のみですが、ちょっとしたロゴやタイポグラフィをつくりたいときに役立つアプリです。

TypeCraftで英字ロゴをつくる

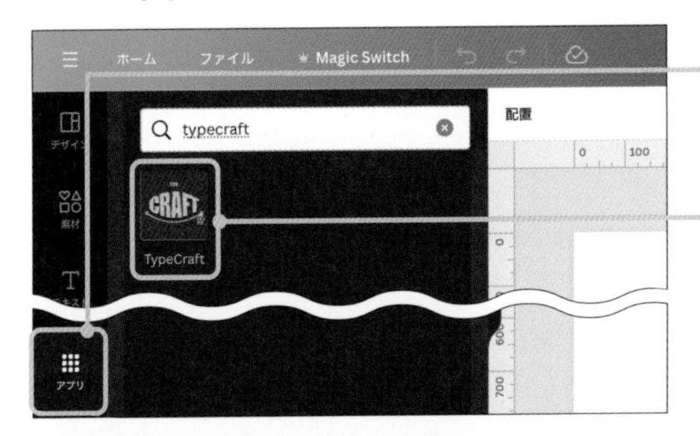

1 「アプリ」をクリック

2 「TypeCraft」を検索して開く

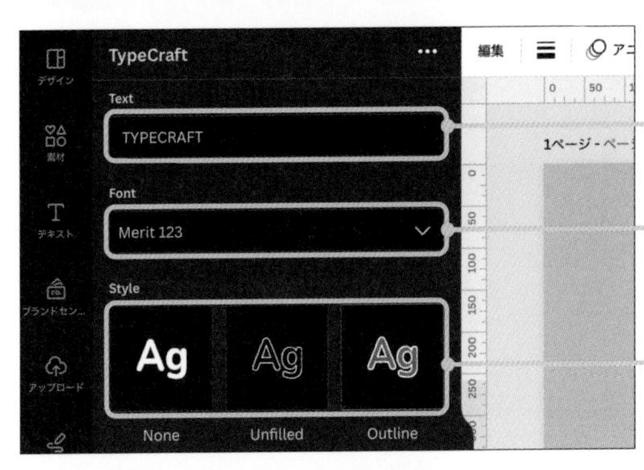

3 文字を入力する(英数字のみ対応)

4 フォントを選択する

5 スタイルを選択する

MEMO

- None:装飾なし
- Unfilled:中抜き
- Outline:袋文字

None Unfilled Outline

Color

Border Width 2

Border Color

6 カラーや枠線の太さを指定する

7 各ハンドルをドラッグして、テキストを変形させる

MEMO

「Reset shape」で変形をリセットできます。

8 最後に「Update element」をクリック

POINT テキストの変形パターン

ハンドルの編集次第でいろいろな形のロゴを作成できます。

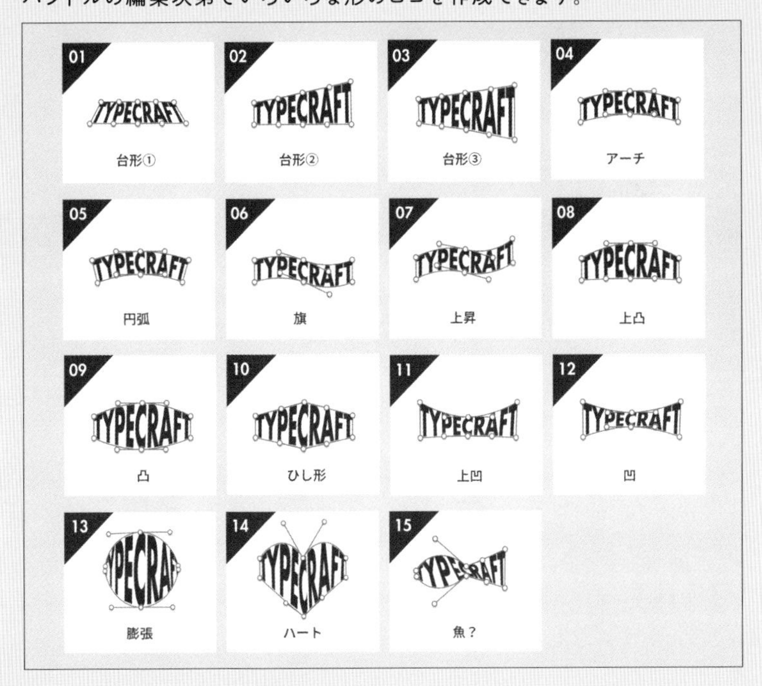

COLUMN

数式を入力するアプリ

分数やルートを使った数式は専門のソフトがないと入力が難しいですが、「Equations」というアプリを使えばカンタンに作成できます。算数や数学の問題をCanvaで作成することもできそうですね。

Equationsの使い方

❶「アプリ」から「Equations」を検索して開く

❷ たとえば分数を入力したいときは、「分数」をクリック

❸ 四角の色が変わっているところに数字を入力する

MEMO
次の四角へは矢印キーで移動できます。

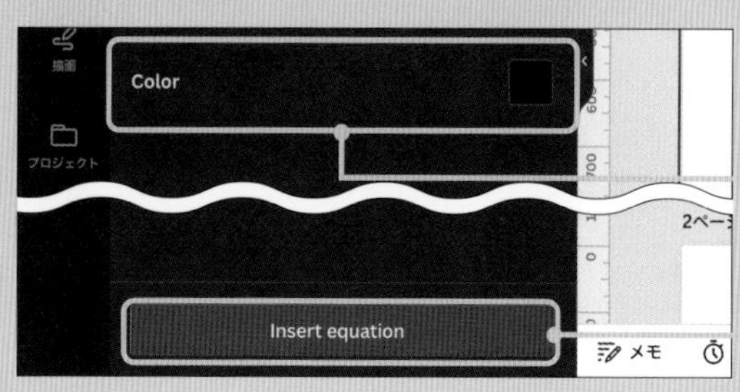

❹ 文字のカラーを選択する

❺「Insert equation」をクリック

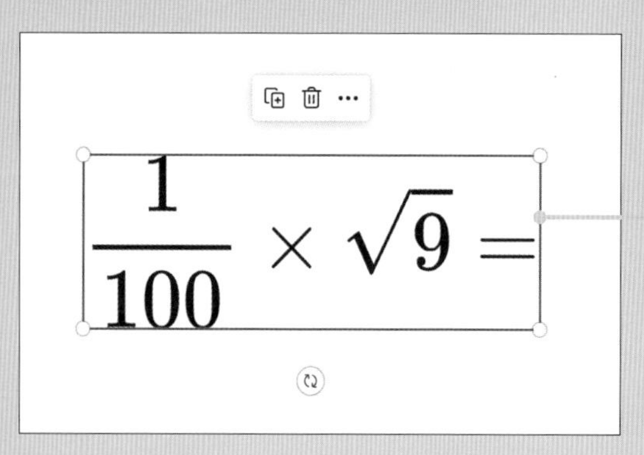

❻ 数式がページに配置される

MEMO
「Advanced」タブからさらに多くの記号を利用できます。

第7章

動くコンテンツのデザインワザ!

Canva

Tips!

103 動画作業の準備 タイムラインを表示する

アニメーションや動画の作成は、タイムラインを表示した状態で行いましょう。タイムラインにはそれぞれのページの時間（デフォルトで5秒）が表示され、動画の再生が行えます。以降の節では、タイムラインを表示した状態で解説します。

タイムラインを表示する

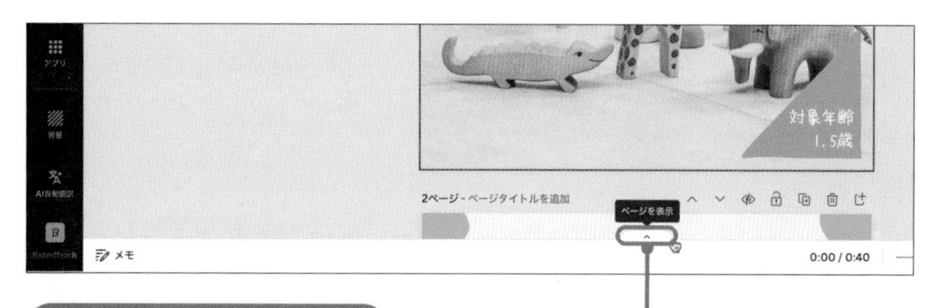

① 「ページを表示」をクリック

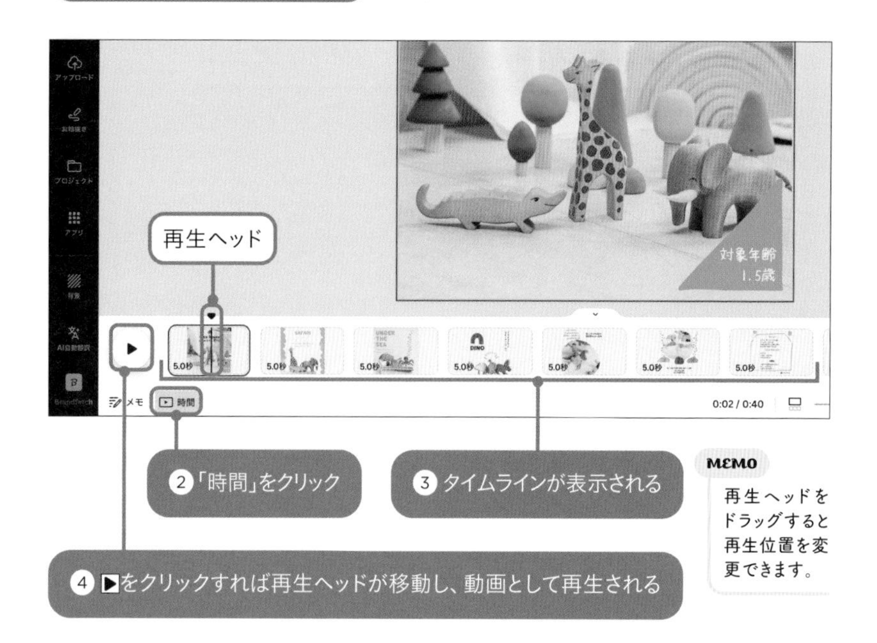

② 「時間」をクリック

③ タイムラインが表示される

④ ▶をクリックすれば再生ヘッドが移動し、動画として再生される

MEMO

再生ヘッドをドラッグすると再生位置を変更できます。

無料版 プロ版

動画をMP4形式でダウンロードする

作成した動画をダウンロードする方法を押さえておきましょう。「MP4形式」を選択すると動画ファイルとして保存することができます。Canvaプロのユーザーなら、ページごとに動画を保存することもできます。

1本の動画としてダウンロードする

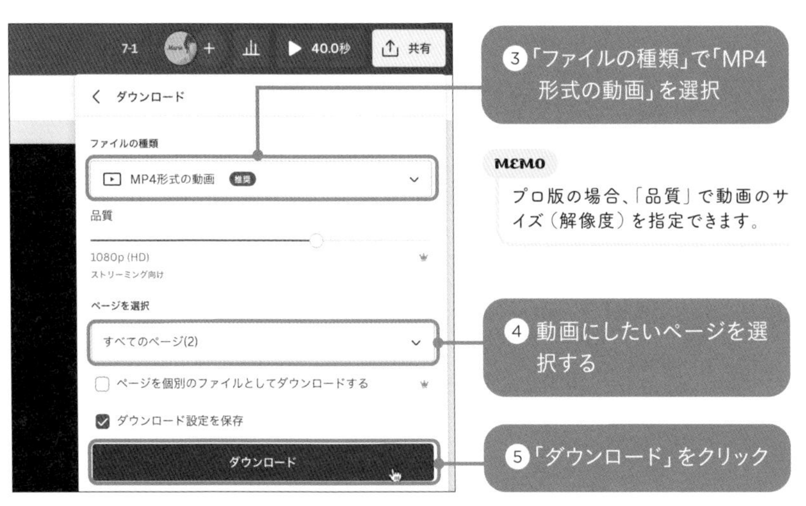

MEMO

プロ版の場合、「品質」で動画のサイズ（解像度）を指定できます。

ページ別に動画を保存する（プロ版のみ）

POINT

全ページ？ページごと？保存方法の使い分け

ページごとに個別のファイルとしてダウンロードする方法は、動画入りのInstagram投稿をつくるときに便利です。1本の動画としてダウンロードする方法は、アニメーションや秒数を工夫すればリールなどのショートムービーとしても活用できそうですね。

無料版 プロ版

GIF形式で動く画像をダウンロードする

動画やアニメーション素材をGIF形式で保存することもできます。SNSなどで使えるほか、Webサイトやブログなどでも自動再生・ループ再生されるので、繰り返し見てもらえる効果があります。

GIF動画としてダウンロードする

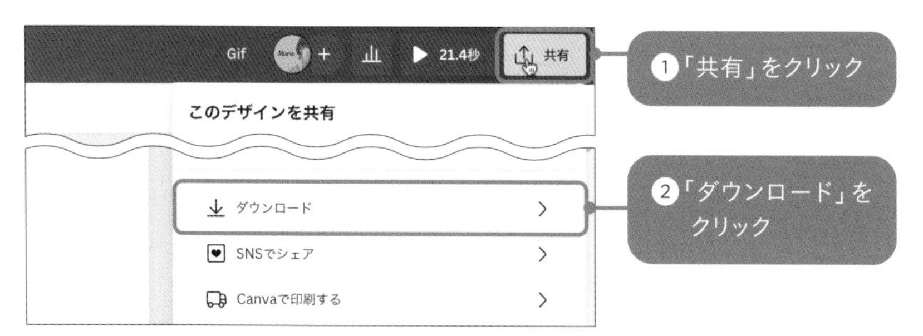

①「共有」をクリック

②「ダウンロード」をクリック

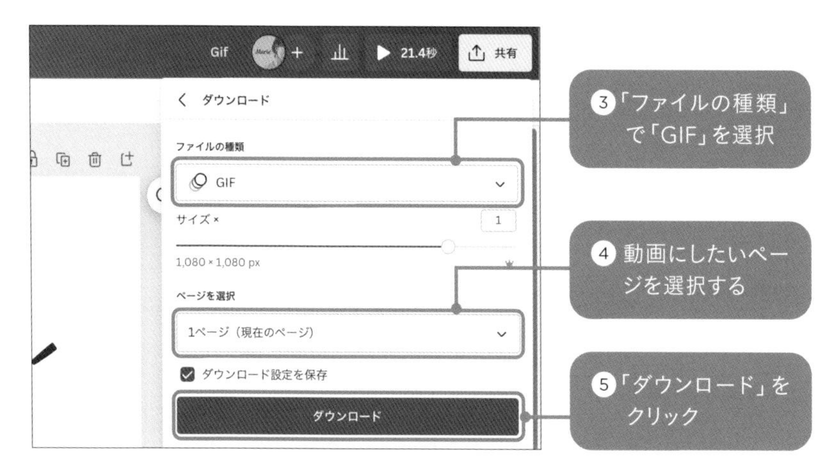

③「ファイルの種類」で「GIF」を選択

④動画にしたいページを選択する

⑤「ダウンロード」をクリック

POINT

ダウンロードできる長さは？

無料版では最大1分間のGIFを、Canvaプロでは最大2分間のGIFをダウンロードできます。

無料版 プロ版

Tips! 106

アニメーション素材を使う

Canvaには、たくさんの動く素材も用意されています。SNS投稿やプレゼン資料などに動きのある素材を使用することで、より目をひくデザインを作成することができます。ここでは、アニメーション素材の検索のしかたを紹介します。

アニメーション素材を検索する

SNSで人気のGIFステッカーを使う

Instagramのストーリーズなどで人気のGIFステッカーをCanvaでも使用できるって知っていましたか？Canva内のアプリの「GIPHY」を使用することで、より多くのアニメーション素材を見つけることができます。

GIFステッカーを検索して使う

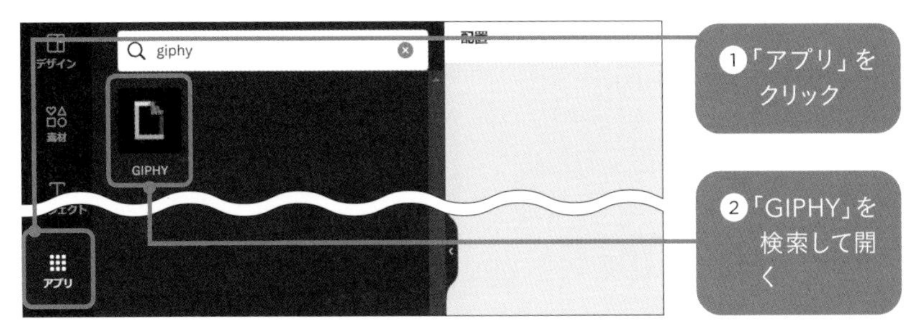

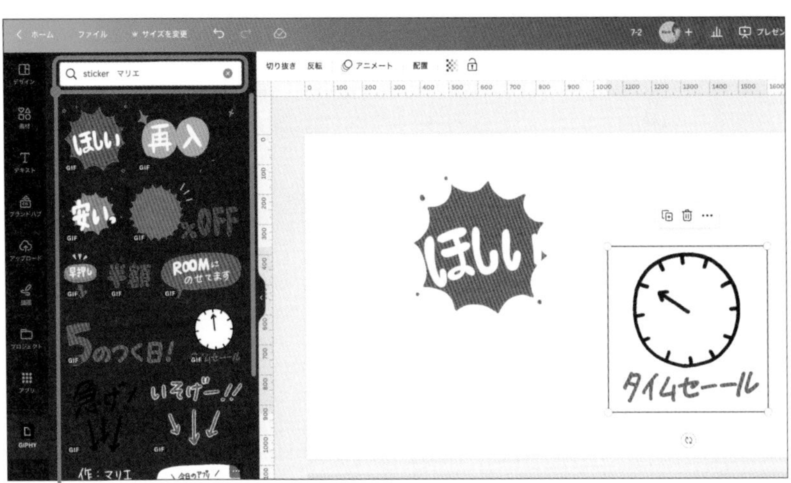

MEMO

「sticker」と入れることで、GIFステッカーを検索することができます。Instagramのストーリーズなどで使いやすいので、ぜひお気に入りのGIFステッカーを探してみてください。

無料版 プロ版

ページや素材にアニメーションをつける

作成したページにアニメーションを追加することで、かんたんに動画を作成できます。たとえば、Instagram用の画像をアレンジして動画にすることも可能です。いろいろなアニメーションが用意されているので好みのものを探してみましょう。

ページ全体にアニメーションを追加する

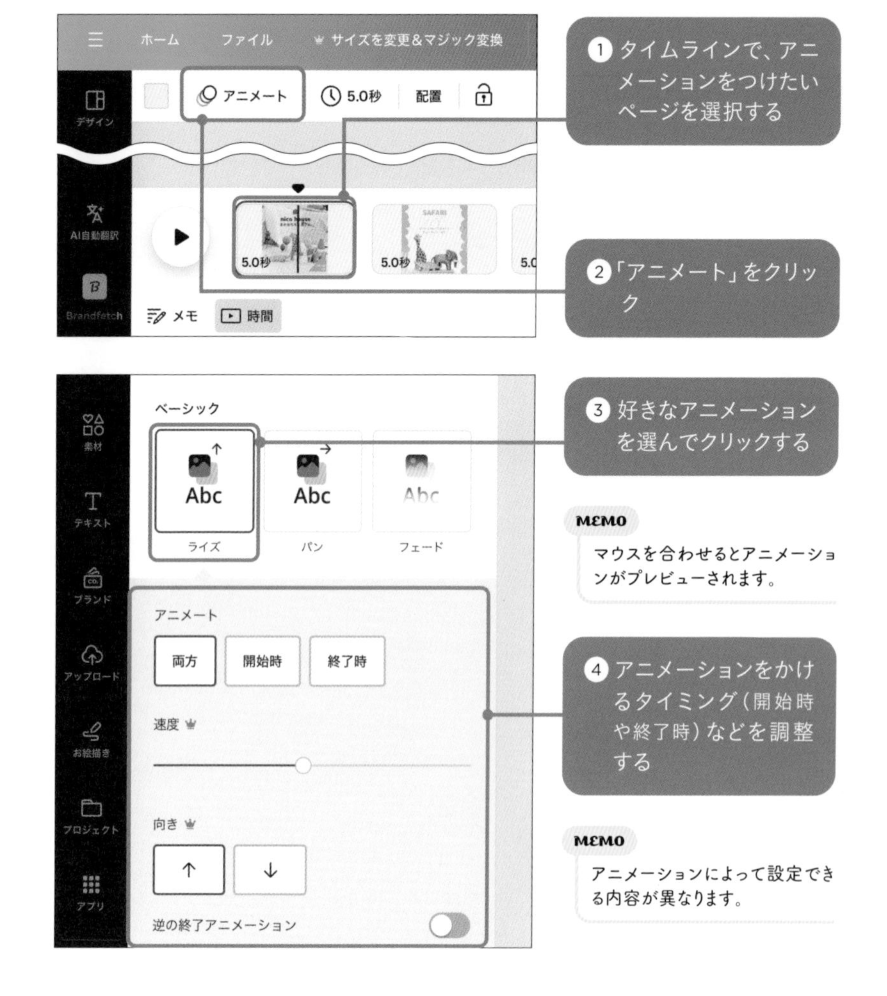

⑤ アニメーションが設定される

MEMO

「すべてのページに適用」をクリックすると、すべてのページに同じアニメーションを適用できます。

素材ごとに登場タイミングなどを設定する

① 素材を選択する

②「アニメート」をクリックし、個別の素材にアニメーションを設定する

MEMO

素材によっては独自のアニメーション項目が表示されます。テキストは「ライティング」、写真は「写真ムーブメント」が独自の項目です。

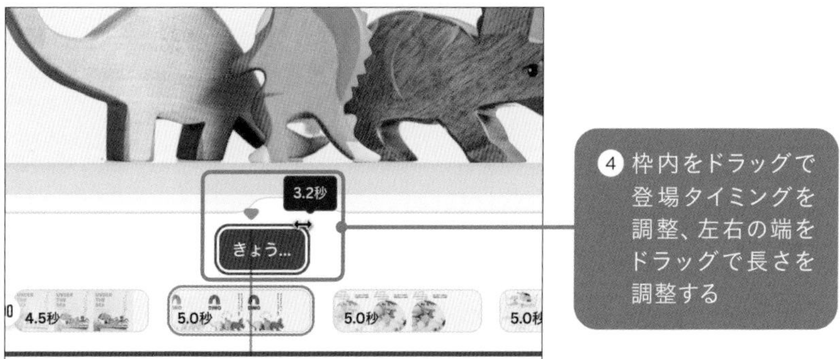

POINT

モーションエフェクトも追加できる！

個別の素材にアニメーションを設定する場合、設定画面を下にスクロールすると「モーションエフェクト」が選べます。モーションエフェクトはほかのアニメートと同時に設定でき、さらに複数選択することも可能です。

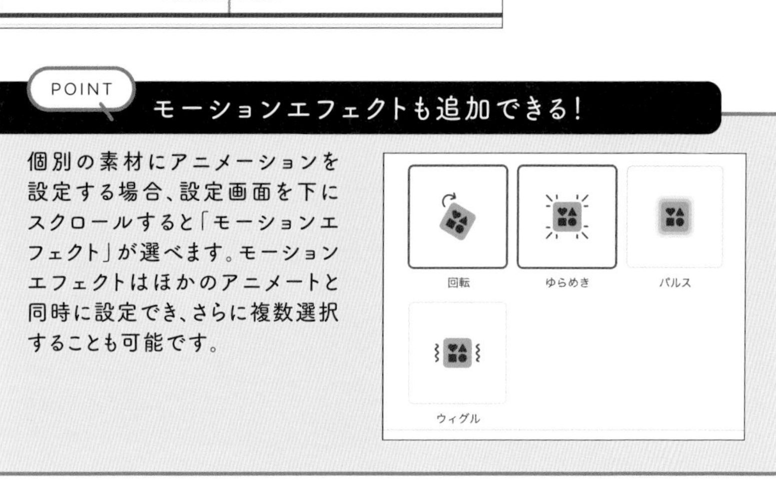

無料版 プロ版

マジックアニメーションでぴったりの動きをつける

アニメーション選びに迷ったときは「マジックアニメーション」がおすすめです。AIがコンテンツに合ったアニメーションやトランジションを提案してくれて、選択すると、一瞬でデザイン全体に反映されます。

ページ全体にマッチする動きをつける

① ページを選択した状態で、「アニメート」をクリック

②「マジックアニメーション」をクリックしてしばらく待つ

③ おすすめのスタイルが提案されるのでクリックする

MEMO
「代替スタイル」から選択することもできます。

④ すべてのページに、アニメーションとトランジション（→P.221）が反映される

第7章 動くコンテンツのデザインワザ！

アニメーション

無料版 プロ版

素材を自由な軌道で動かす

選択した素材やテキストをドラッグして、好きな軌道でアニメーションを作成できます。今回はペンを持った手の素材を動かしてみます。テキストのアニメーションと組み合わせると、文字を書いているようなアニメーションがつくれますよ。

ドラッグでアニメーションを作成する

① 動かしたい素材をクリック

②「アニメート」をクリック

③「アニメーションを作成」をクリック

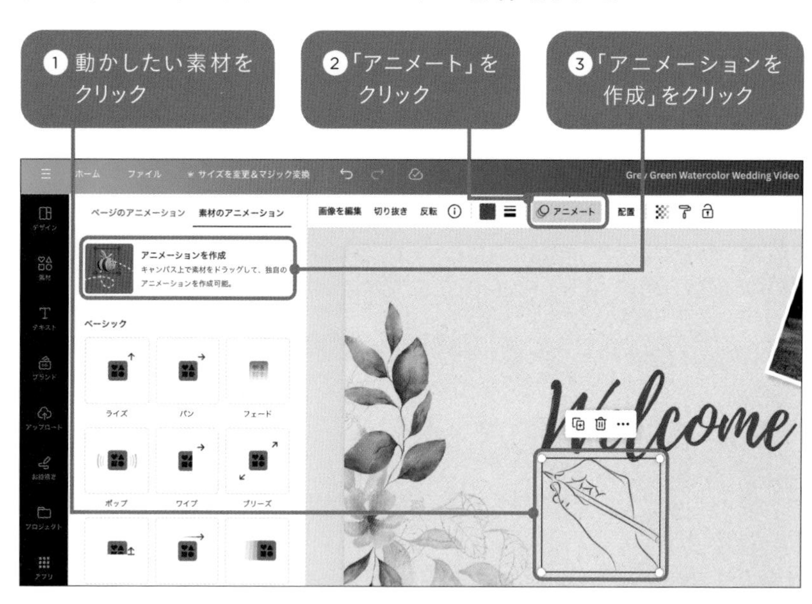

④ 素材をドラッグして軌道を描く

MEMO

Shiftキーを押しながらドラッグすると、直線で動きを指定できます。

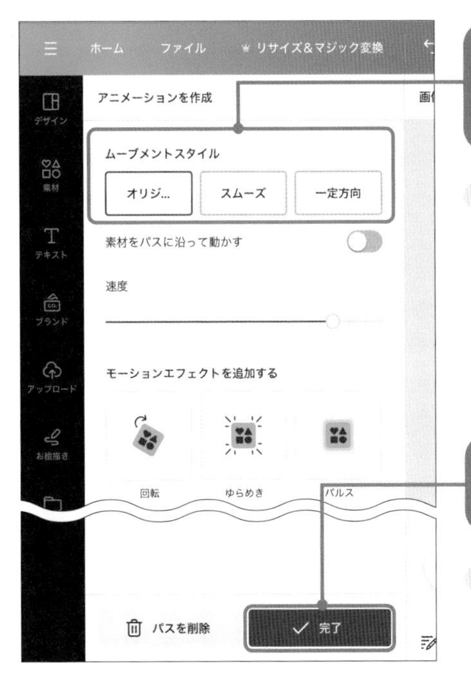

5「ムーブメントスタイル」の各ボタンにマウスを置いてプレビューし、動きを選択する

MEMO

・オリジナル：ドラッグしたままの速度や動きにする
・スムーズ：動きをスムーズにし、開始時や終了時の動きをゆっくりにする
・一定方向：動きをスムーズにし、一定の速度で動かす

6 適宜その他の設定をし、「完了」をクリック

MEMO

軌道を削除するには「パスを削除」をクリックします。

Tips!

無料版 プロ版

ページをスムーズにつなげてアニメーションにする

トランジションの「マッチ&ムーブ」を使うと、ページとページの間で同じ素材の動きをスムーズにつなげてくれます。これを利用すると、簡単なアニメーションを手軽につくることができます。今回はあみだくじのアニメーションをつくってみます。

静止画からアニメーションをつくる

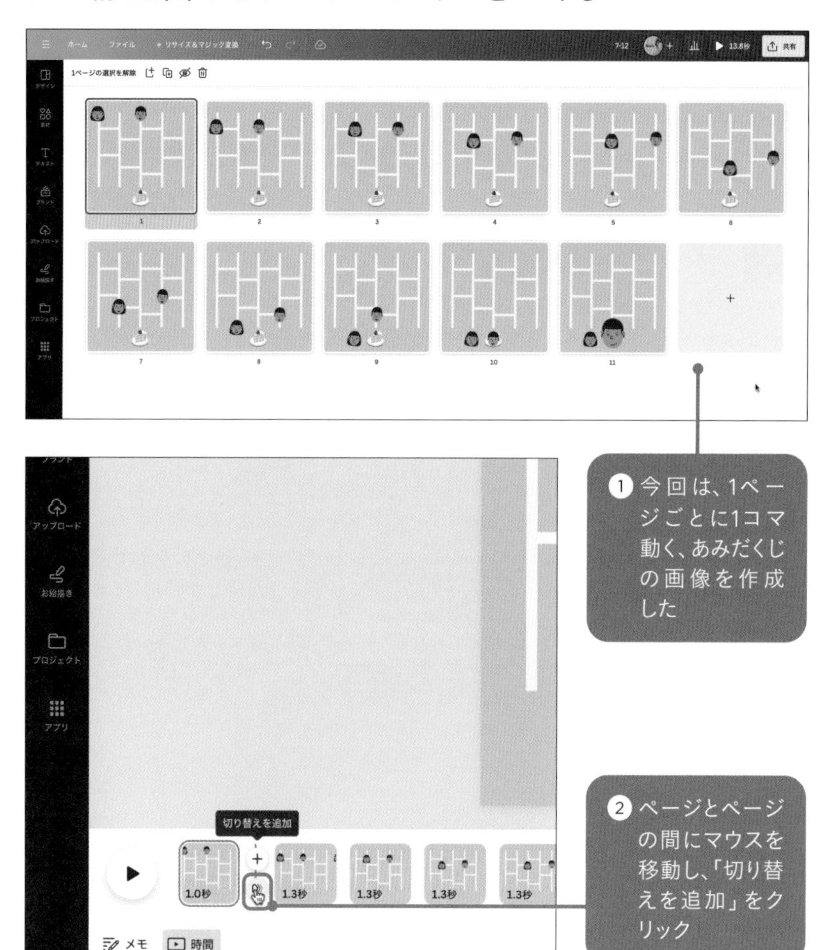

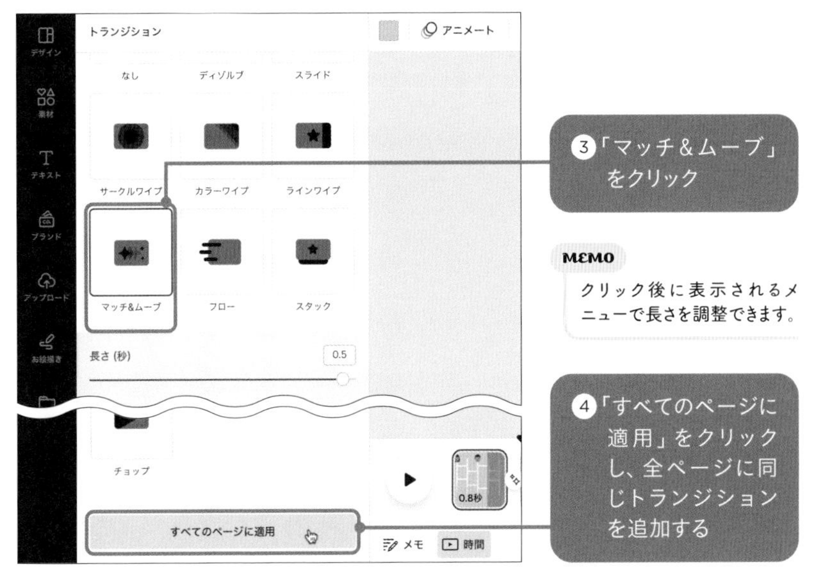

MEMO

クリック後に表示されるメニューで長さを調整できます。

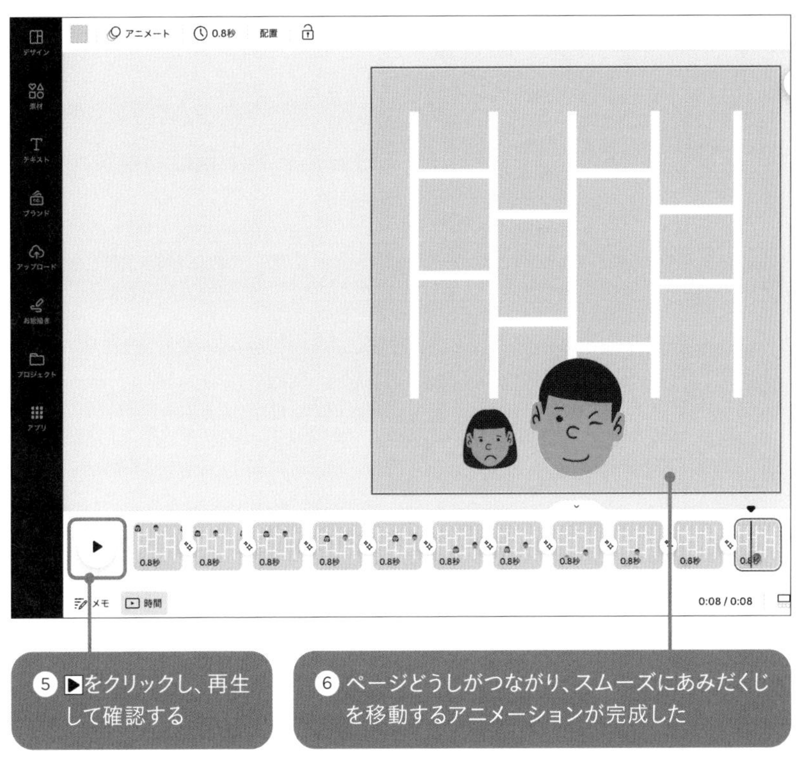

Tips!

無料版 プロ版

112 動画の素材を検索する

Canvaの素材の中には動画も用意されています。動画を組み合わせてショート動画をつくったり、YouTubeのオープニング・エンディングをつくったりと、いろいろな使い道がありそうです。

動画素材を検索する

MEMO
マウスを置くと動画をプレビューできます。

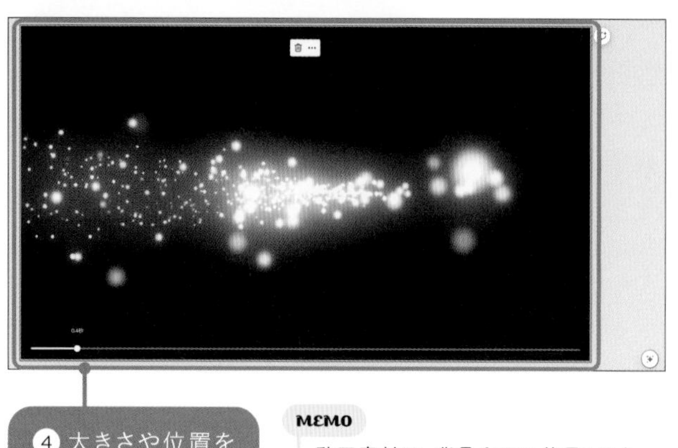

MEMO
動画素材は、背景全面に使用したり、フレームに入れて使用したりできます。

無料版 プロ版

Tips! 113

動画の色調を補正する

写真素材と同様に、動画素材もフィルターの追加や、明るさ・色味などの調整をすることができます。ほかのアプリを使わなくても、Canvaの中で動画の補正までできてしまうのは助かりますね。

エフェクトや調整を使う

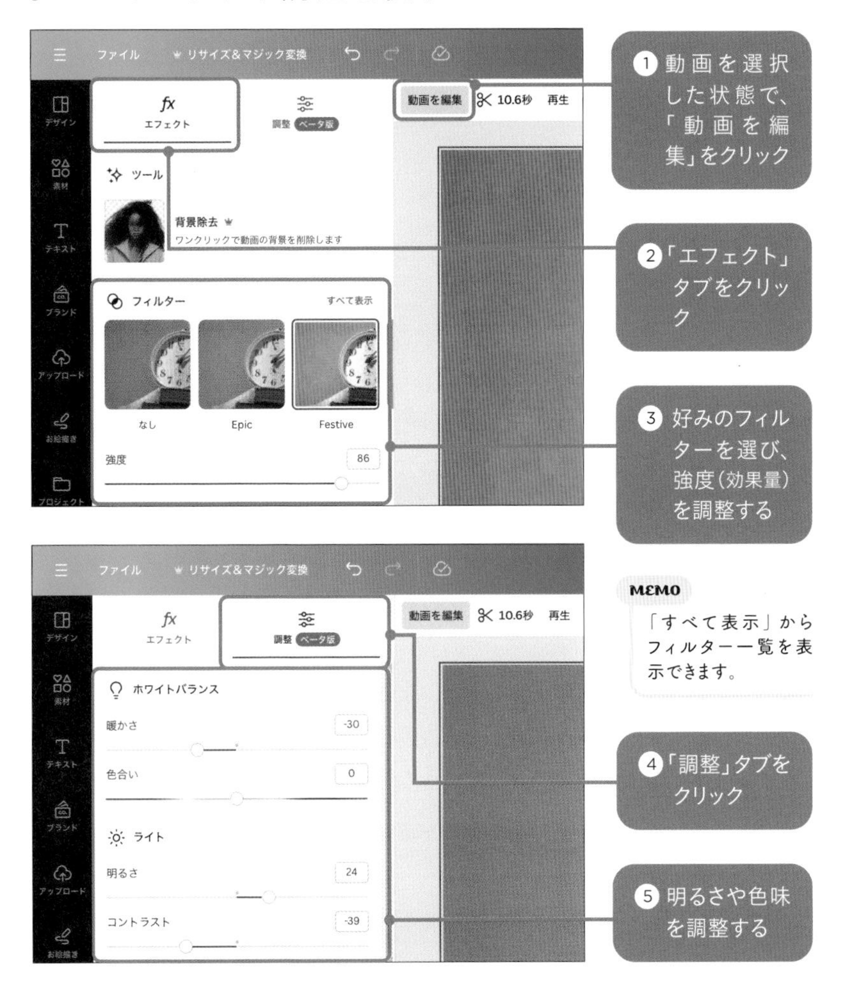

1 動画を選択した状態で、「動画を編集」をクリック

2 「エフェクト」タブをクリック

3 好みのフィルターを選び、強度(効果量)を調整する

4 「調整」タブをクリック

5 明るさや色味を調整する

MEMO
「すべて表示」からフィルター一覧を表示できます。

無料版 プロ版

シーンの前後をトリミングする

動画の長さは、主に2種類の方法で調整することができます。1つめはタイムライン上で調整する方法、2つめは「トリミング」ボタンから調整する方法です。後者の方法では、秒数を入力して指定することもできます。

トリミングしてシーンの長さを調整する

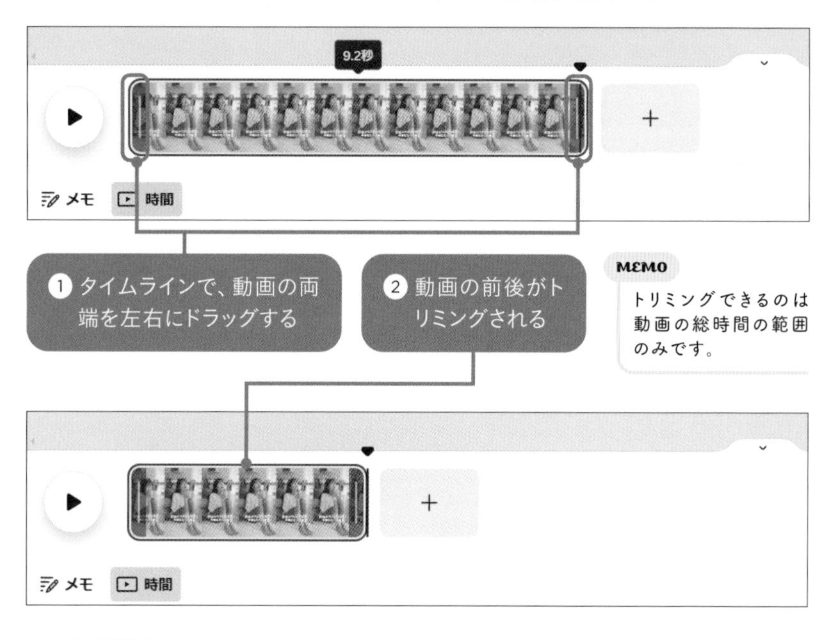

MEMO
トリミングできるのは動画の総時間の範囲のみです。

POINT タイムラインを拡大・縮小する

トリミング作業をやりやすくするにはタイムラインを拡大しましょう。画面右下のアイコンをクリックして下図の状態にしてから、スライダーをドラッグすると拡大されます。

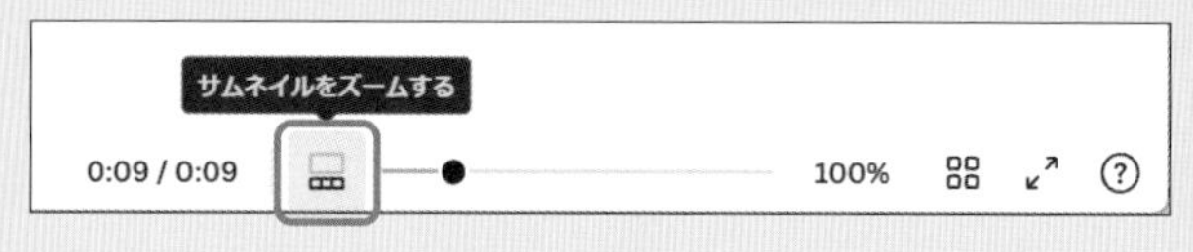

秒数を指定してトリミングする

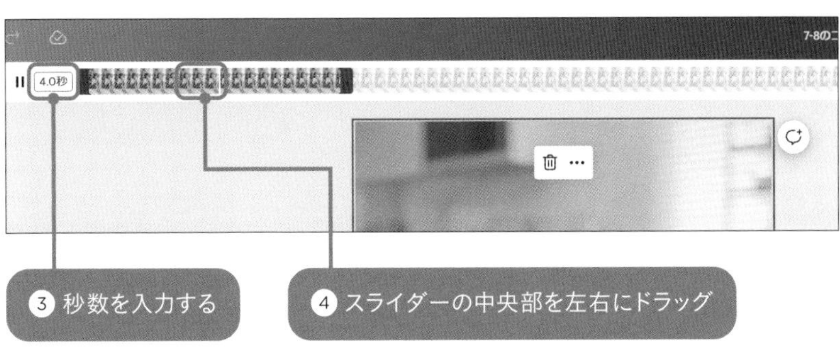

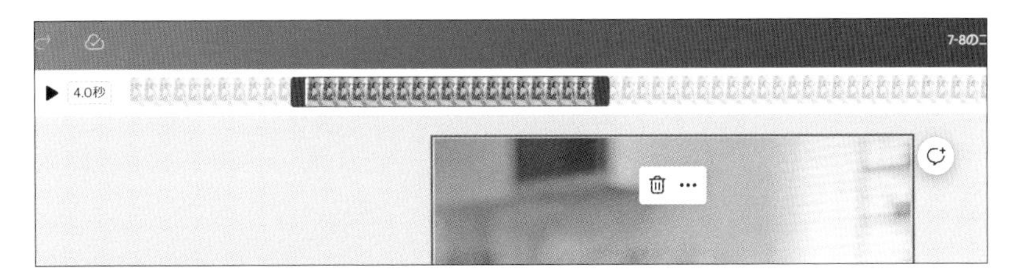

⑤ 秒数をキープしたままトリミングできる

MEMO

動画の両端をドラッグしてトリミングすることもできます。

無料版 プロ版

Tips!

シーンの中間部分をトリミングする

動画の中間部分をカットしたいときは、まずはページを分割しましょう。不要な部分を分割できたら削除すればOK。動画を確認しながら良いタイミングを見つけて分割していくと、効率よく動画をトリミングすることができます。

動画を分割してから削除する

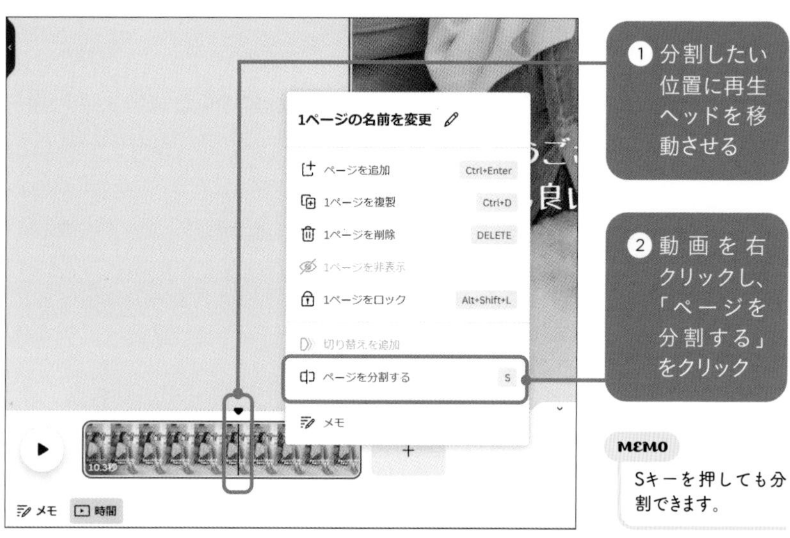

1 分割したい位置に再生ヘッドを移動させる

2 動画を右クリックし、「ページを分割する」をクリック

MEMO

Sキーを押しても分割できます。

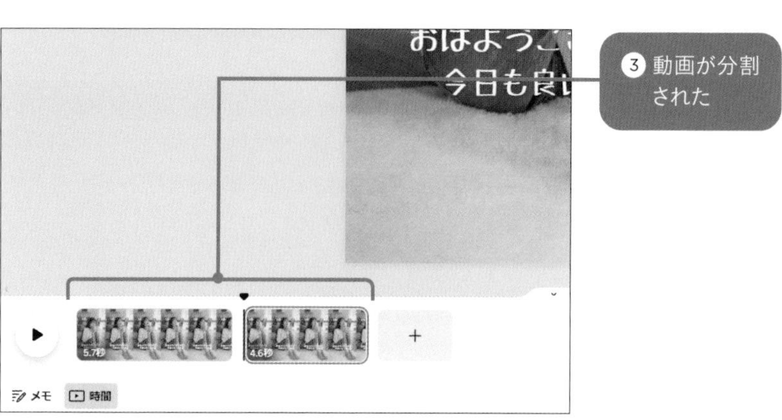

3 動画が分割された

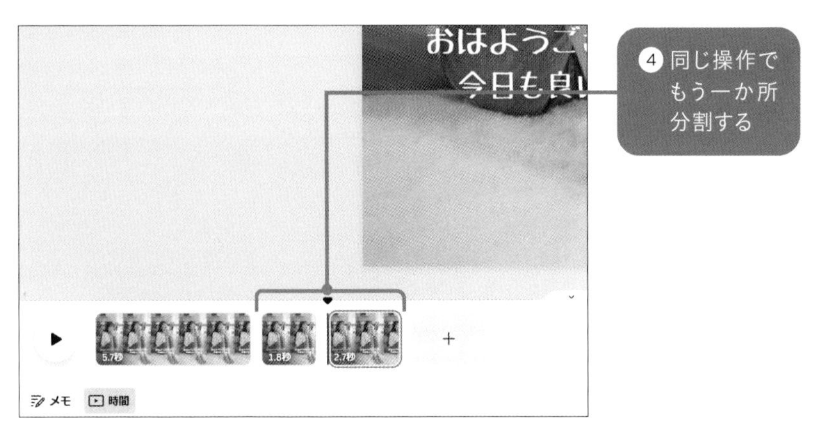

④ 同じ操作でもう一か所分割する

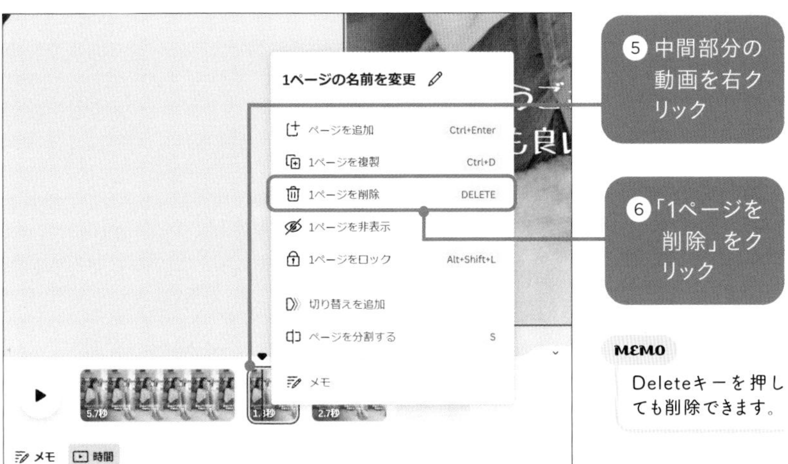

⑤ 中間部分の動画を右クリック

⑥「1ページを削除」をクリック

MEMO

Deleteキーを押しても削除できます。

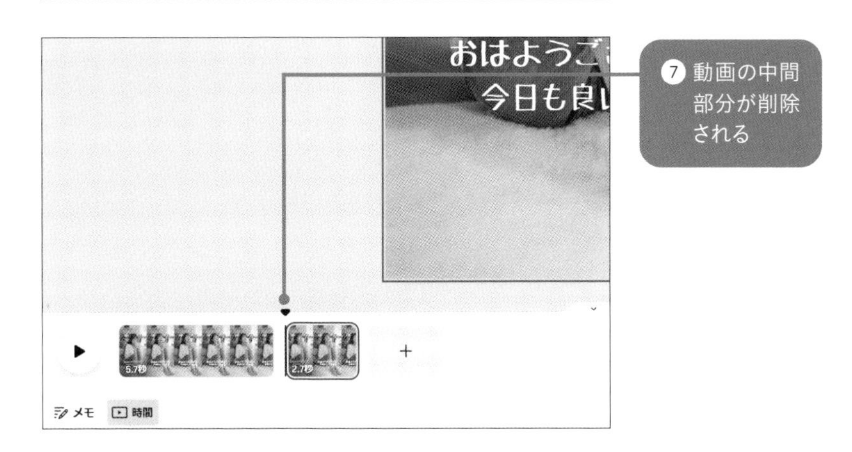

⑦ 動画の中間部分が削除される

無料版 プロ版

Tips! 116

動画の速度をスロー・倍速にする

緩急をつけた動画を作成したいときも、かんたんな操作で動画の速さを変更することができます。0.25倍のスロー再生から、最大2倍の早回しまで調整が可能です。プレゼン時の動画の再生方法についても設定できます。

動画の速度を変える

① 動画を選択する

②「再生」をクリック

③「動画の速度」のスライダーを調整する

MEMO

その下の項目では、プレゼンテーションモード時（画面右上の「共有」→「もっと見る」→「プレゼンテーション」）の動画の再生方法について設定できます。

- リピート再生：動画を繰り返し再生する
- 自動再生：動画を自動で再生する

無料版 プロ版

トランジションで切り替え効果をつける

動画と動画の間にトランジションを追加すると、スムーズにシーンをつなぐことができます。写真を並べただけのシンプルなスライドも、トランジションを加えることで飽きずに楽しめる動画になりますよ。

動画間にトランジションをつける

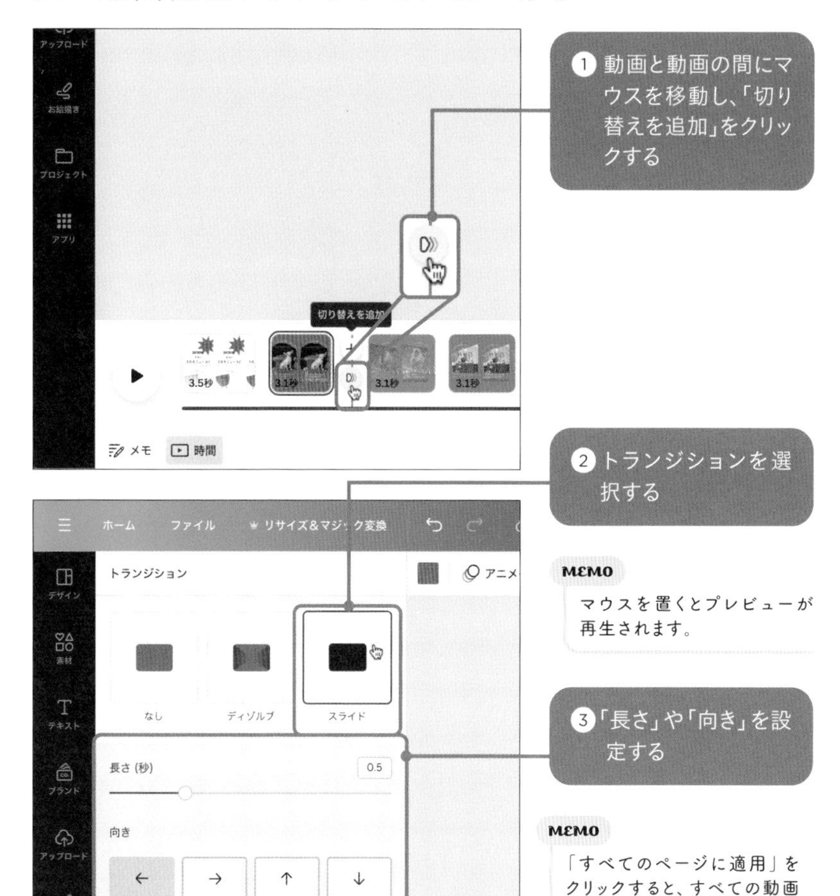

① 動画と動画の間にマウスを移動し、「切り替えを追加」をクリックする

② トランジションを選択する

MEMO
マウスを置くとプレビューが再生されます。

③「長さ」や「向き」を設定する

MEMO
「すべてのページに適用」をクリックすると、すべての動画間に同じトランジションが追加されます。

Tips!

118 背景除去で動画の背景を削除する

Canvaプロでは画像の背景削除だけではなく、動画の背景削除までワンタッチで行うことができます。人物などを切り抜いて、印象的な動画をつくりましょう。今回は、子どもの動画をテンプレートと組み合わせてムービーをつくってみます。

背景を削除してテンプレートを組み合わせる

① 背景を削除したい動画を選択する

②「動画を編集」をクリック

③「背景除去」をクリック

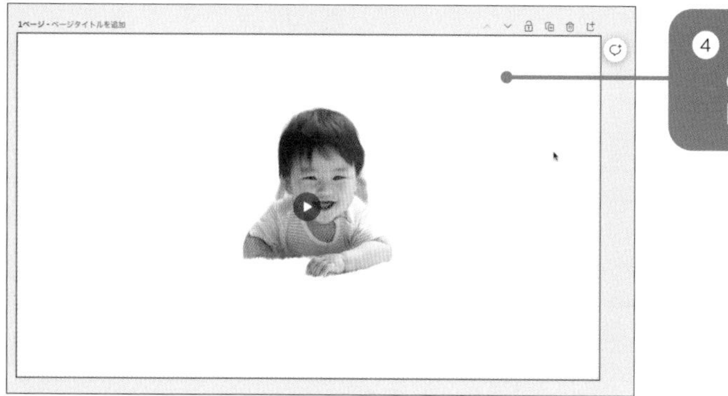

④ 自動で動画の背景が削除された

⑤ 新しいページを追加し、使いたい動画テンプレートを配置する

MEMO

デザイン作成時に「動画」を選ぶと、動画テンプレートのみが検索されます（→P.21）。

⑥ 背景を削除した動画をコピーまたは移動すれば完成

第7章 動くコンテンツのデザインワザ！

動画

Tips! 無料版 プロ版

119 動画に音楽や効果音をつける

Canvaには音楽素材も用意されています。イラストや写真を探すときと同じように、キーワードで雰囲気に合った音楽や効果音を検索することができます。また、自分で用意した楽曲や音声データも追加することができます。

音楽素材や効果音を探す

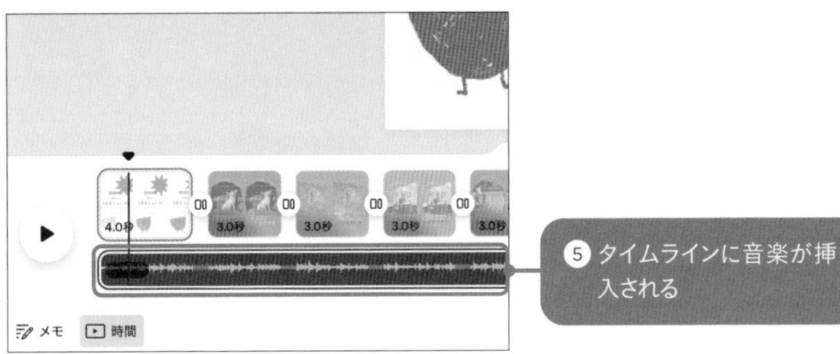

MEMO

P.68の方法で音楽をアップロードして使うこともできます。アップロードできる形式は、M4A・MP3・OGG・WAV・MEBMファイル形式（250MB以下）です。

無料版 プロ版

音楽を編集する

追加した音楽は音量を調整できるほか、好きな長さにトリミング・分割して編集することができます。「調整」を使うと音楽のタイミングを調整できるので、音楽のサビから使いたいときなどに便利です。

音量を調整する

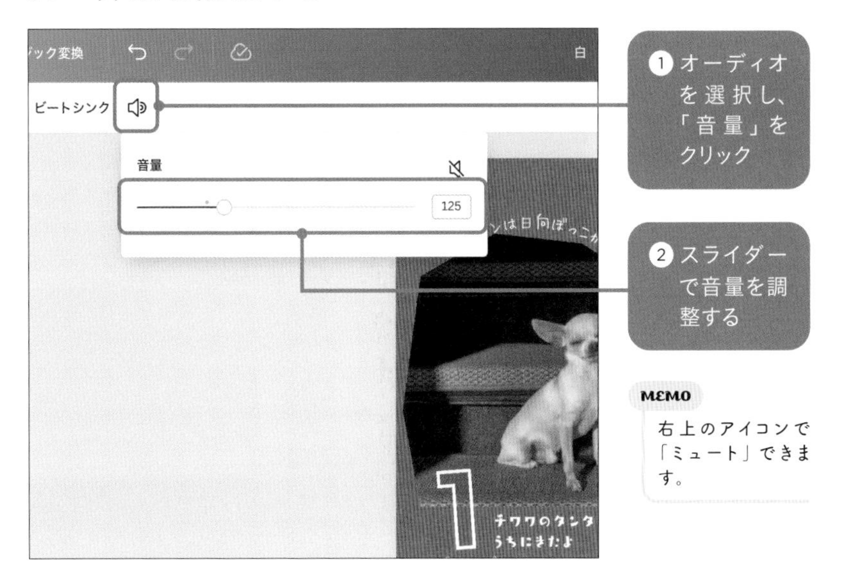

1 オーディオを選択し、「音量」をクリック

2 スライダーで音量を調整する

MEMO
右上のアイコンで「ミュート」できます。

音楽の長さを調整する

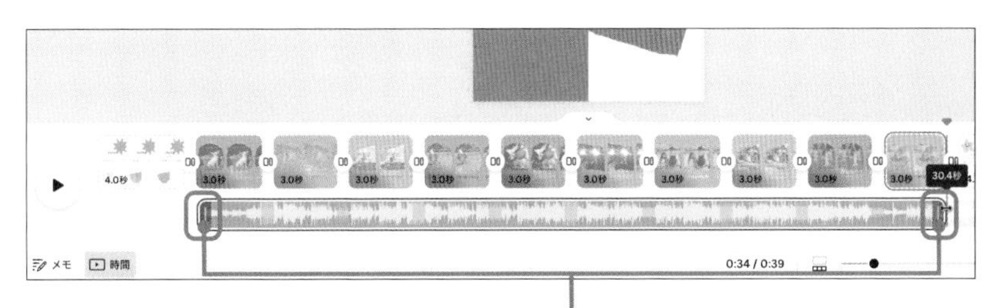

1 オーディオを選択し、両端をドラッグして長さを調整する

音楽内のタイミングを調整する

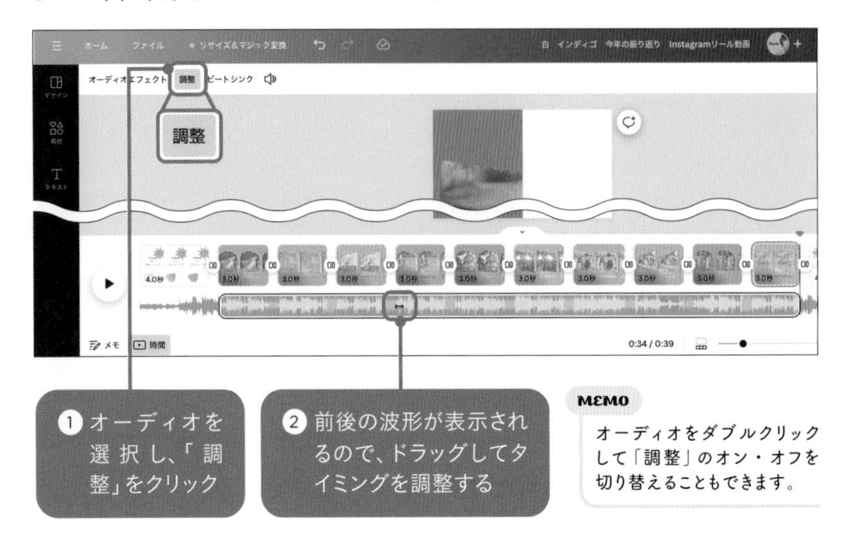

MEMO

オーディオをダブルクリックして「調整」のオン・オフを切り替えることもできます。

オーディオを分割する

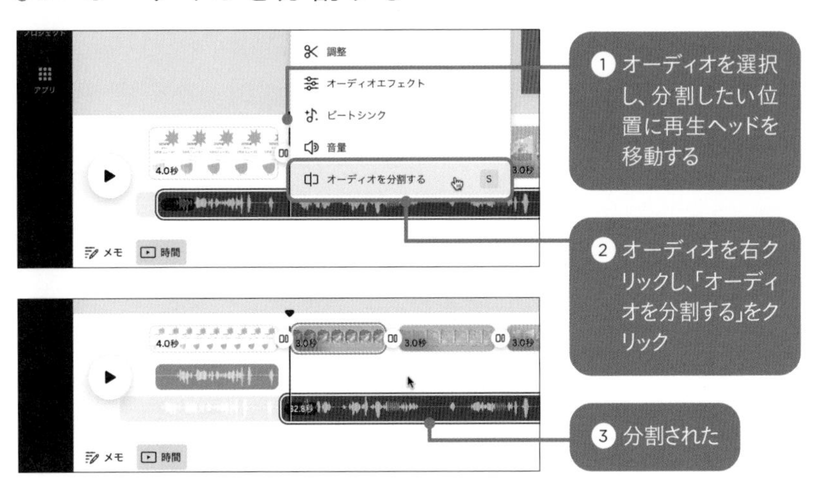

POINT　オーディオを重ね合わせる

音楽や効果音などのオーディオは、重ね合わせるようにドラッグすることで複数のオーディオトラックが表示されます。これによって、複数の音を重ねることができます。

無料版 プロ版

曲の前後をフェードイン・フェードアウトする

「オーディオエフェクト」ではフェードイン・フェードアウトの設定もできます。フェードにかかる秒数は最大5秒まで設定できるので、曲の雰囲気や動画のテイストに合わせて調整してみましょう。

オーディオエフェクトを設定する

①オーディオを選択し、「オーディオエフェクト」をクリック

②「フェードイン」「フェードアウト」の秒数を設定する

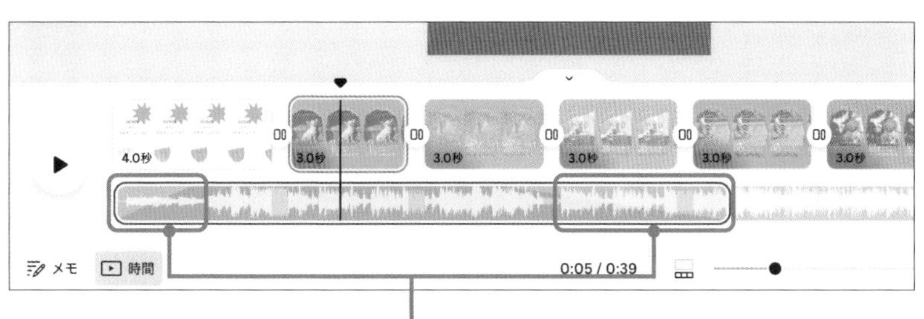

③設定したフェードは、タイムラインで白く斜めに表示される

Tips!

無料版 プロ版

122 ビートシンクで音楽に合わせたカット割りにする

音楽のリズムに合った動画は見ていて心地がいいですが、手作業で編集するのはなかなか大変です。Canvaプロで利用できる「ビートシンク」の機能を使用すると、自動で動画の長さが調整され、リズムに合ったカット割りができます。

リズムに合わせたカット割りにする

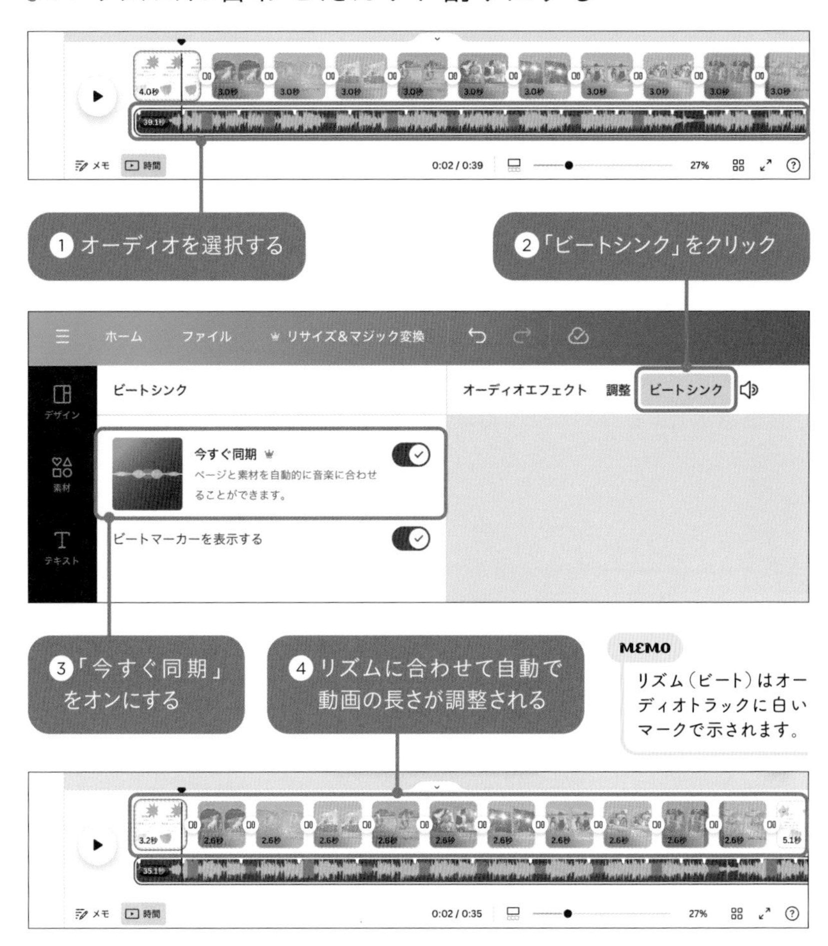

MEMO

リズム（ビート）はオーディオトラックに白いマークで示されます。

第8章

生成AIの活用ワザ!

Canva

無料版 プロ版

Tips!

123 マジック加工で写真の一部を置き換える

CanvaのAI機能の中でも、特に驚きの機能がこちら。画像をブラシでなぞり、置き換えたいものを入力することで、写真の一部を自然に編集することができます。無料の方でも利用できる機能です。

被写体の一部を置き換える

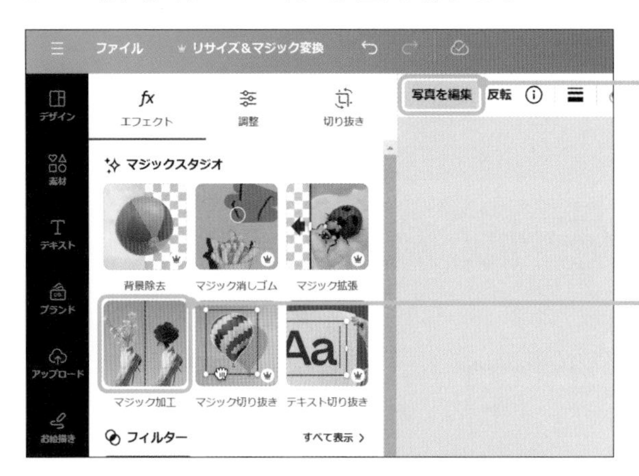

①写真を選択した状態で、「写真を編集」をクリック

②「マジック加工」をクリック

③置き換えたい部分をブラシでなぞる

MEMO

なぞる場所を変えれば、何もないところに画像を追加したり、背景を置き換えたりすることもできます。

④「続行」をクリック

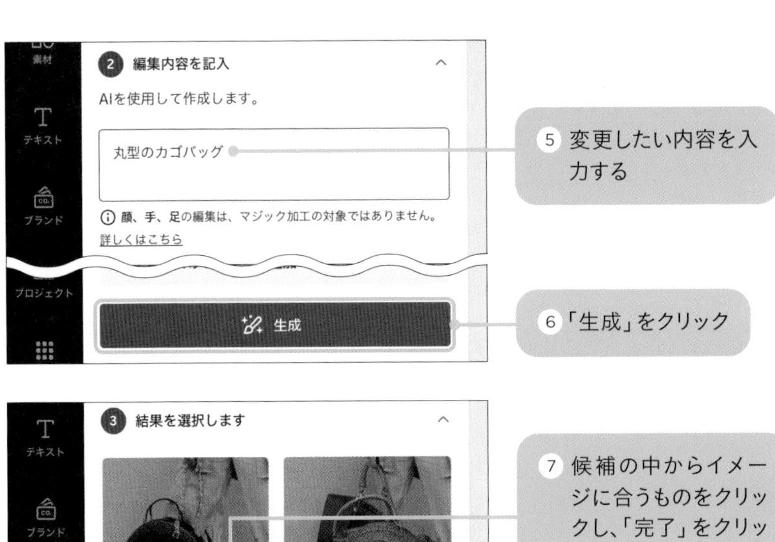

5 変更したい内容を入力する

6 「生成」をクリック

7 候補の中からイメージに合うものをクリックし、「完了」をクリック

MEMO

イメージに合うものがなければ「新しい結果を生成する」から再生成できます。

8 画像の一部が置き換えられた

124 マジック拡張で写真の足りない部分を生成する

デザインのサイズに対して写真の大きさが足りないときもありますよね。そんなときは「マジック拡張」で写真の足りない部分をAIで補完することができます。4つの候補が作成されるので、より自然なものやイメージに合うものを選べます。

写真の足りない部分を生成する

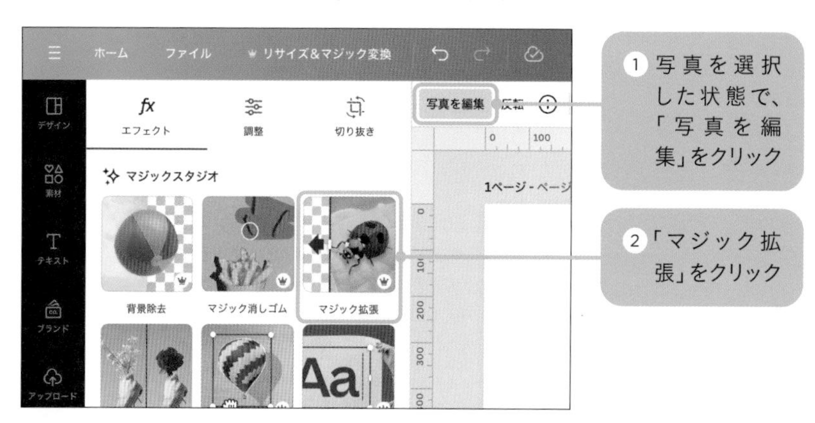

1 写真を選択した状態で、「写真を編集」をクリック

2 「マジック拡張」をクリック

3 拡張したいサイズを選択する

4 「マジック拡張」をクリック

5 候補の中から選択する

MEMO
イメージに合うものがない場合は、「新しい結果を生成する」で再生成できます。

6 「完了」をクリック

7 写真の足りない部分が生成された

無料版 プロ版

マジック切り抜きで背景と被写体を分離する

写真に文字を入れたいのに、アップで撮ってしまって余白がない……。そんなときに便利な機能が「マジック切り抜き」です。被写体を切り抜いて、背景はAIによって違和感なく補完されるので、被写体の位置や大きさを自由に調整できます。

背景は維持したまま被写体を編集する

1 写真を選択する

2 「写真を編集」をクリック

3 「マジック切り抜き」をクリック

④ 被写体が切り抜かれるので、自由に移動・拡大縮小する

⑤ 被写体の大きさや位置を調整して完成

MEMO

背景は切り抜かれた部分が自動的に補完されます。

POINT 文字の前に被写体を配置する

雑誌の表紙やYouTubeのサムネイルでよく見る、人物の後ろに文字を配置するデザインも「マジック切り抜き」でかんたんに作成できます。

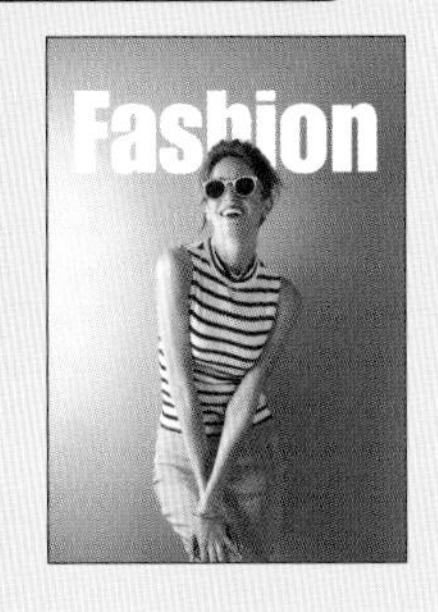

無料版 プロ版

Tips! 126

マジック消しゴムで写真の一部を削除する

写真に写したくないものや、余計なものが入ってしまっていた場合、「マジック消しゴム」を使って写真の一部を削除することができます。ブラシでなぞった部分を背景になじむように取り除いてくれます。

部分的にきれいに削除する

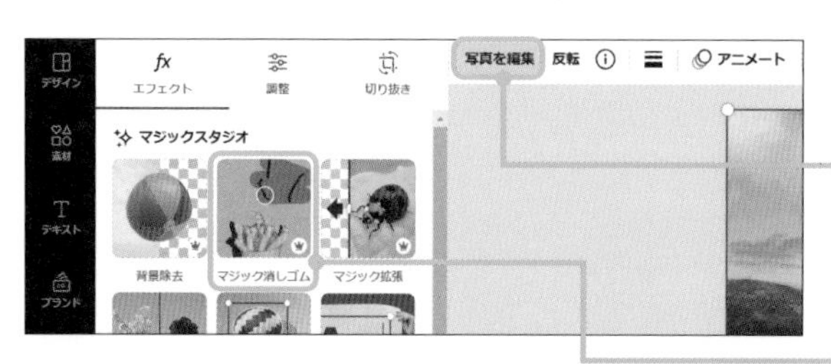

1 写真を選択した状態で、「写真を編集」をクリック

2 「マジック消しゴム」をクリック

3 削除したい部分をなぞる

MEMO
消したい部分より少しはみ出すとうまく削除できます。

4 自然な形で削除された

MEMO
不自然な部分があれば、何度か繰り返すことで自然になります。

無料版 プロ版

Tips! 127

画像内の文字をテキストに置き換える

看板やメニュー・値札など、写真や画像に文字が書かれているものをあとから編集するのは大変ですよね。「テキスト切り抜き」を使うと、画像内の文字をテキストに変換してくれます。執筆時点では、英語など一部の言語のみ対応しています。

画像のテキストを編集できるようにする

1 写真を選択した状態で、「写真を編集」をクリック

2 「テキスト切り抜き」をクリック

3 写真の文字がテキスト化され、編集できるようになる

MEMO
雰囲気の似たフォントに変換されます。

無料版 プロ版

Tips!

128 劣化した画像をきれいにする

昔のデジカメで撮った写真やWebサイト用に圧縮されてしまった写真など、せっかく使いたいのに不鮮明な画像は、Canva上のアプリを使うと、かんたんに鮮明にすることができます。潰れてしまった文字などもキレイで読みやすくなります。

劣化した画像をきれいにする

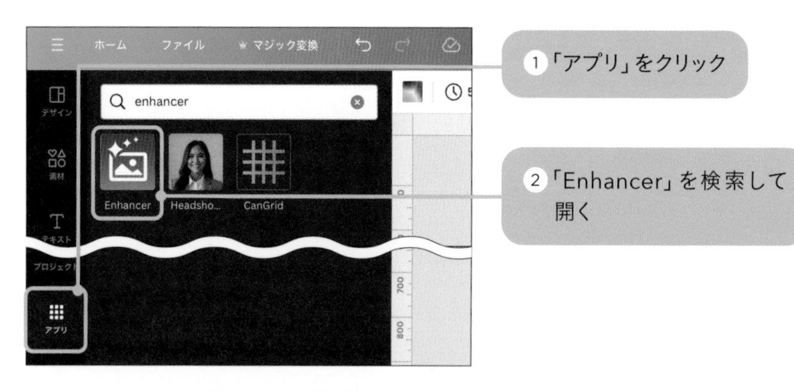

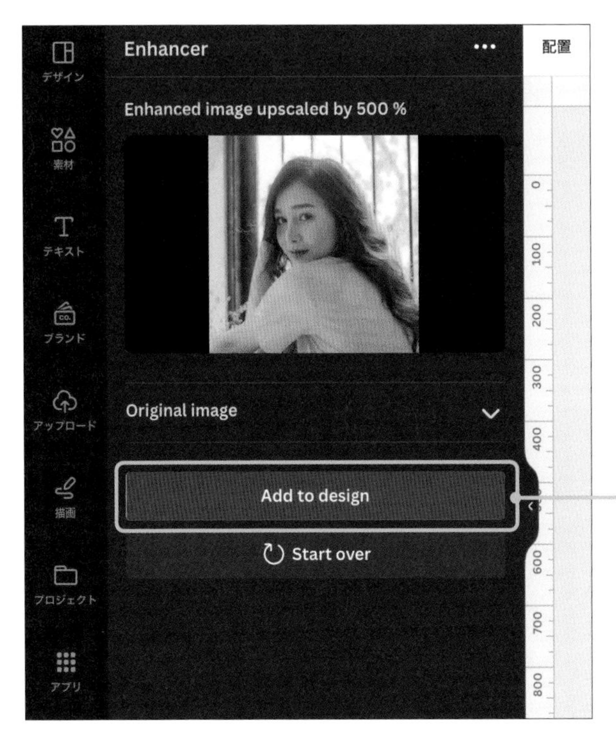

⑥仕上がりを確認して「Add to design」をクリック

⑦荒かった画像がなめらかになった

POINT その他の高画質化アプリ

・Image Upscaler：写真に合わせた設定が可能でBefore／Afterの比較もしやすい。アカウント連携不要・回数制限なし。

無料版 プロ版

129 マジック変身でテキストをグラフィック化する

文字やシンプルなアイコンを、イメージを入力することでリアルな質感に変化させるAI機能が「マジック変身」です。かんたんに存在感のあるロゴを作成することができます。Canvaプロのユーザーのみ利用できる機能です。

テキストにテクスチャーを加える

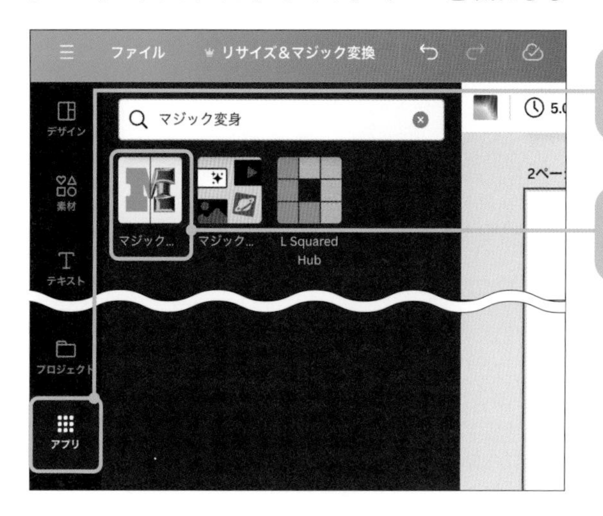

1 「アプリ」をクリック

2 「マジック変身」を検索して開く

3 変形したいテキストを選択する

MEMO
テキスト以外にも図形やシンプルなグラフィック素材を選択できます。

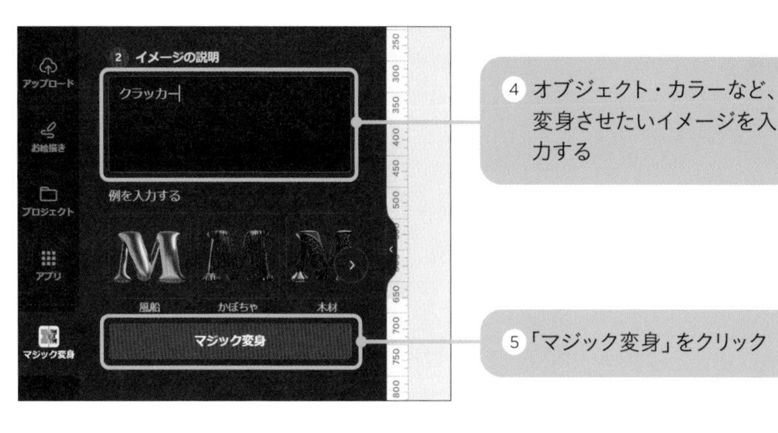

4 オブジェクト・カラーなど、変身させたいイメージを入力する

5「マジック変身」をクリック

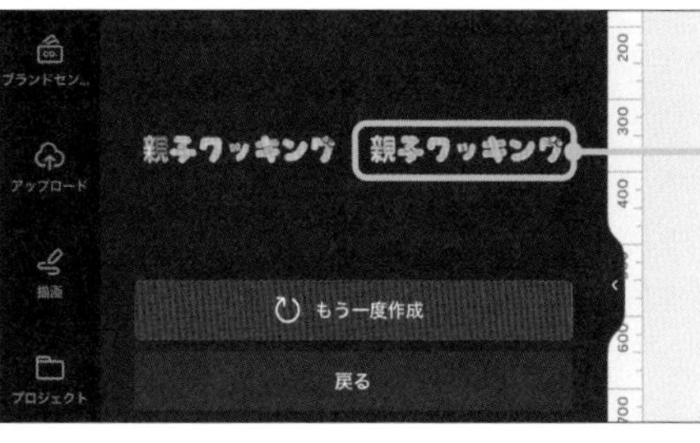

6 候補の中から選んでクリックし、ページに配置する

MEMO

「もう一度作成」から候補を再生成することができます。

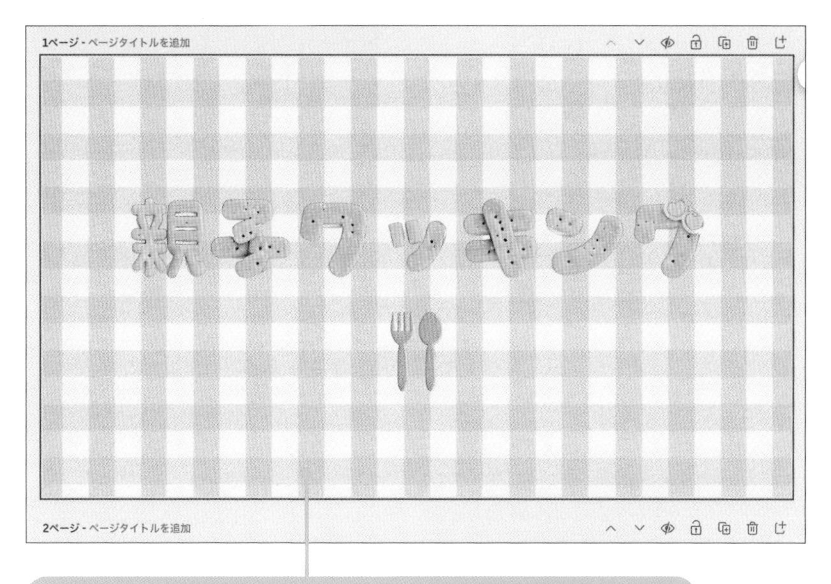

7 ここでは背景を加え、さらに別のグラフィック素材と組み合わせた

無料版 プロ版

Tips!

モノクロ写真をカラー化する

古い写真や、モノクロ加工してしまって元データがない写真がよみがえります。「Colorize」アプリにモノクロ写真をアップすると、その写真をカラーで再現してくれます。アカウント連携なしで、回数制限なく利用できます。

モノクロ写真に色をつける

① 「アプリ」から「Colorize」を検索して開く

② 「Choose file」からモノクロ写真をアップする

MEMO

ページに配置した写真をカラー化したいときは、写真を選択してから「Colorize and replace」をクリックします。

③ 「Colorize image」をクリック

④ カラー変換された写真が作成された

MEMO

ほかにも「Corolify」アプリがあります。アプリによってカラーの出かたが変わるので、イメージに合うほうを使ってみましょう。

Tips!

無料版 プロ版

131 手書きイラストから画像を生成する

画像を生成するアプリは便利ですが、思ったような構図が出ない場合は「Sketch To Life」が便利です。手書きで絵を描いてテキストで説明することによって、イメージに近い画像を生成することができます。アカウント連携や回数制限なしで使えます。

手書きイラストから画像を生成する

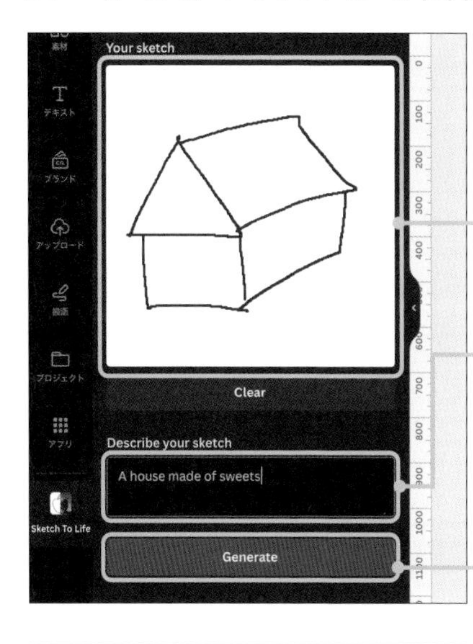

1 「アプリ」から「Sketch To Life」を検索して開く

2 生成したい画像のイメージを描く

3 生成したい画像の説明を入力する

MEMO
日本語入力もできますが、英語入力のほうが精度が高いのでおすすめです。

4 「Generate」をクリック

5 手書きした構図に近い形で画像が生成される

無料版 プロ版

Tips! 132

テキストから画像や動画を生成する

素材にはない画像も「マジック生成」などの画像生成アプリで作成できます。作成したいものをテキスト入力して、スタイルを選ぶだけ。無料版は月に50回、プロ版は500回の画像生成ができます（動画生成はそれぞれ5回と50回）。

テキストから画像を生成する

1「アプリ」をクリック

2「マジック生成」を検索して開く

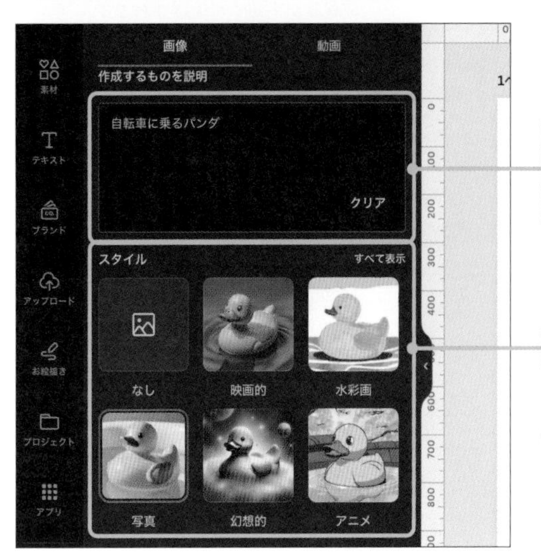

3 オブジェクト・カラーなど生成したい画像の説明を入力する

4 スタイルを選択する

MEMO

「すべて表示」をクリックで、さらにほかのスタイルから選択できます。

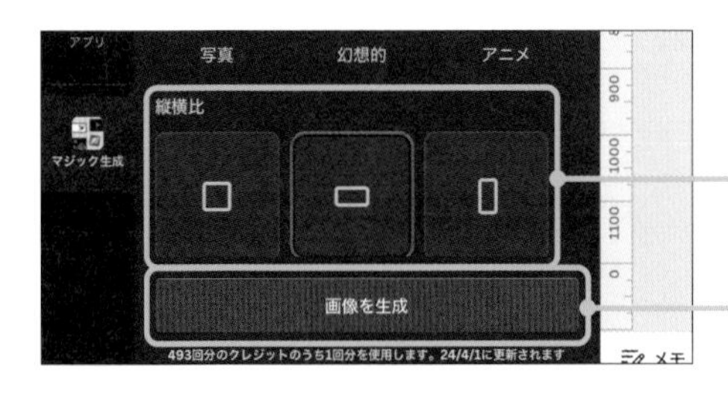

5 縦横比を選択する

6「画像を生成」をクリック

7 生成された候補の中からクリックしてページに配置する

MEMO
気に入った画像が生成されない場合は、説明を入力しなおして再生成できます。

テキストから動画を生成する

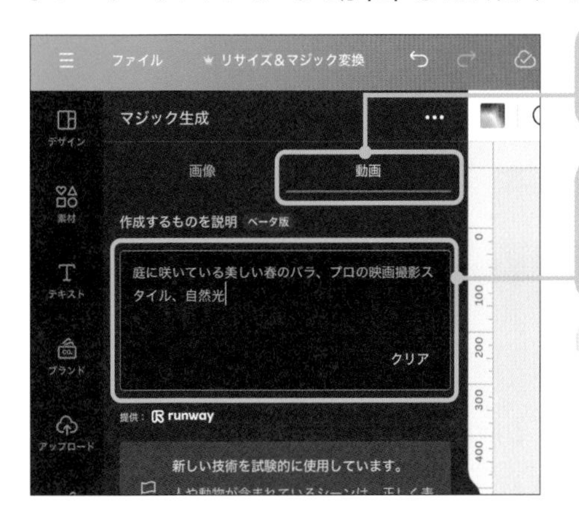

1 マジック生成の「動画」タブを選択

2 生成したい動画のシーンを入力し、「動画を生成」をクリック

MEMO
人物や動物の動画は崩れてしまうことが多いので、自然や物、抽象的なパターンの動画を作成するのに向いています。

POINT
その他のおすすめ画像生成アプリ

- DALL-E：ChatGPTのOpenAIによるAI画像生成機能。回数制限あり。
- Imagen：テキストからリアルな画像に変換するGoogleのAI画像生成機能。回数制限あり。
- Mojo AI：人物画やAI美女作成に向いたアプリ。生成のスタイルをさまざまなものから選択できる。アカウント連携が必要・回数制限あり。

無料版 プロ版

ゆがんだ形・波・角丸四角形の素材をつくる

Canva上のアプリを使えば、ランダムでゆがんだ形や波をつくったり、線やカラーなどをカスタマイズした図形をつくったりできます。既存の素材にはないランダムな形の図形が必要なときに重宝します。

CanBlobでゆがんだ形の素材をつくる

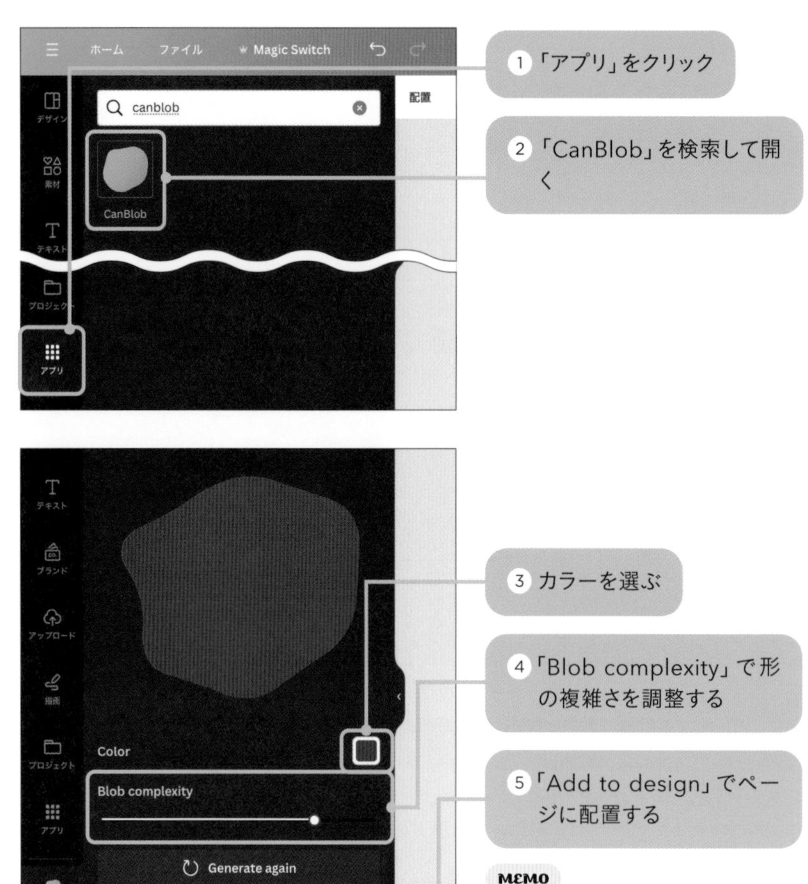

MEMO

作成した素材はサイズやカラーの変更ができます。

その他のグラフィック生成アプリ

Blobs

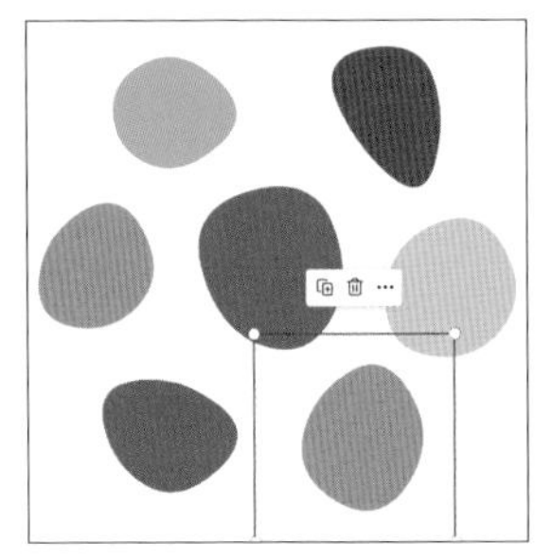

ランダムにゆがんだ形を作成する、よりシンプルなアプリ

CanWave

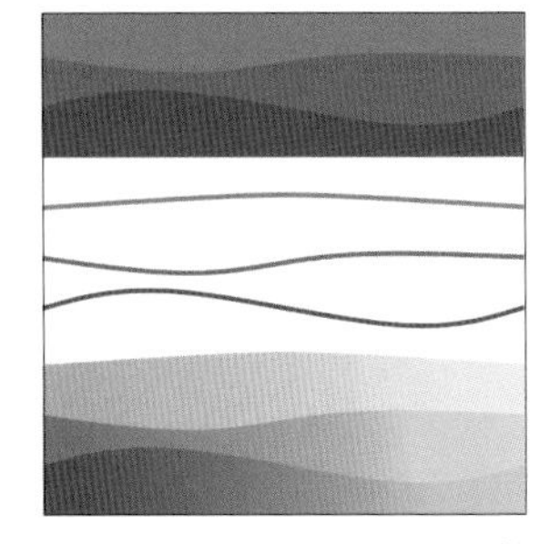

Solid・Gradient・Lineの3種の波が作成できる

Waves

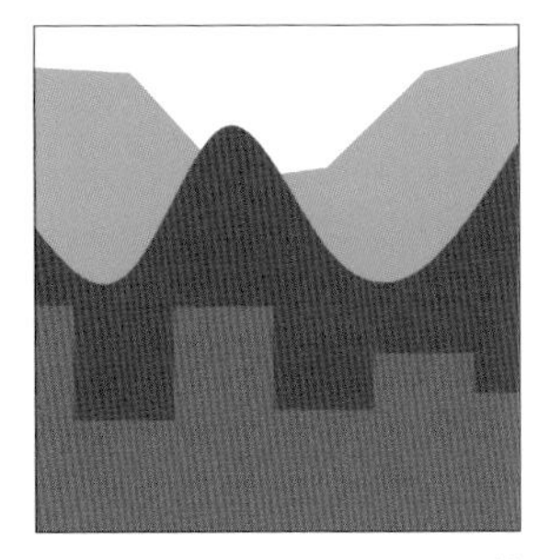

Peaks・Curves・Stepsの3種の波形が作成できる

Wave Generator

Curves・Lines・Barsの3種の波形が作成できる

CanSquircle

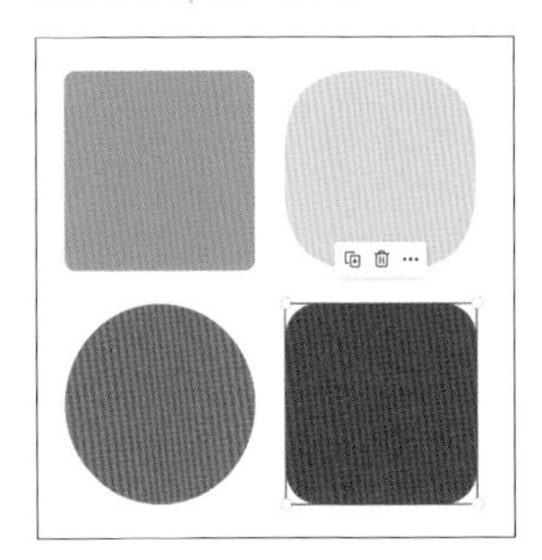

角の丸みやスムーズさをカスタマイズした角丸四角形が作成できる

CanBorder

線または点線の角丸四角形の枠線を作成できる

無料版 プロ版

パターン素材を生成する

模様が繰り返す、オリジナルのパターン素材をつくりたいときに便利なアプリを紹介します。出来上がった画像は背景画像や、壁紙などに利用できます。「PatternedAI」はアカウント連携が必要で回数制限があります。

PatternedAIでパターン素材を生成する

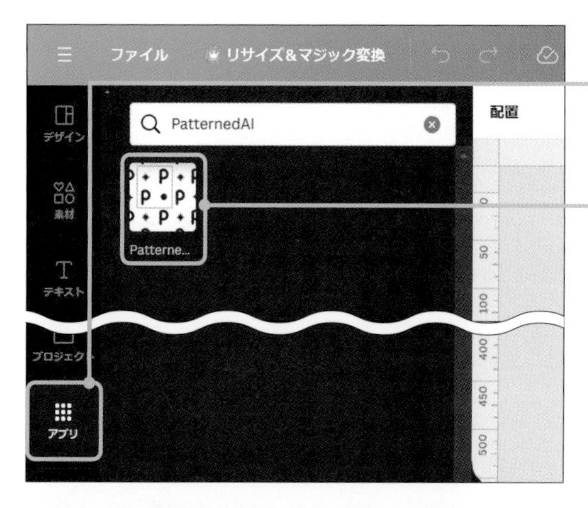

1「アプリ」をクリック

2「PatternedAI」を検索して開く

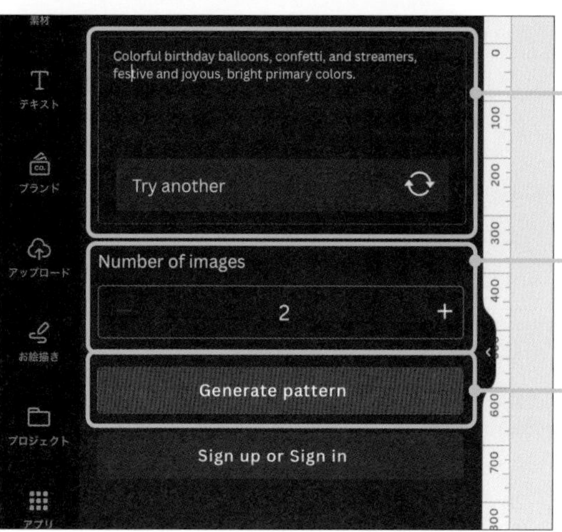

3 生成したいパターンのイメージを入力する

4 生成するイメージの数を選択する

5「Generate pattern」をクリックし、アカウント連携する

⑥ 生成された画像から選択する

⑦ パターンの大きさを調整する

⑧「Add to design」をクリック

⑨ 作成したパターンがページに配置される

その他のパターン作成おすすめアプリ

CanGrid

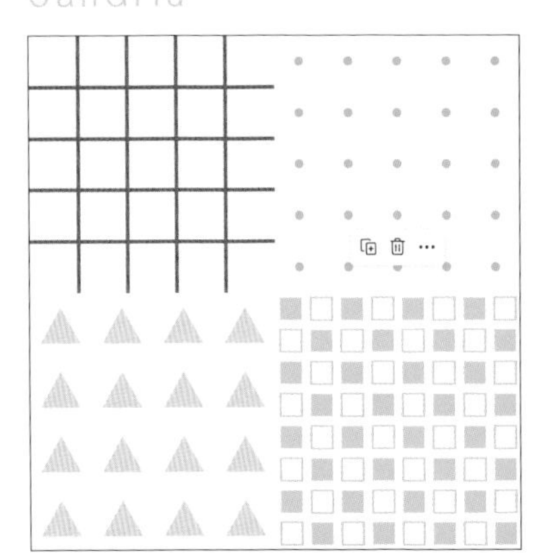

グリッドパターンが作成できる

Confetti

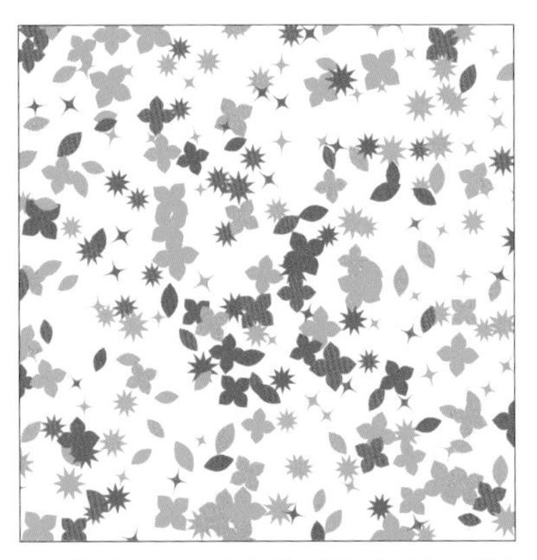

ランダムなパターンを作成できる。色変更も可能

無料版 プロ版

ランダムなグラデーションを生成する

グラデーションは通常のカラーからも作成できますが(→P.144)、もっと配置やカラーがランダムなものを作成したいときは「Gradient Generator」を使うと便利です。絵の具が混ざり合うような自由な配置のグラデーションに出会えます。

複雑なグラデーションを生成する

1「アプリ」をクリック

2「Gradient Generator」を検索して開く

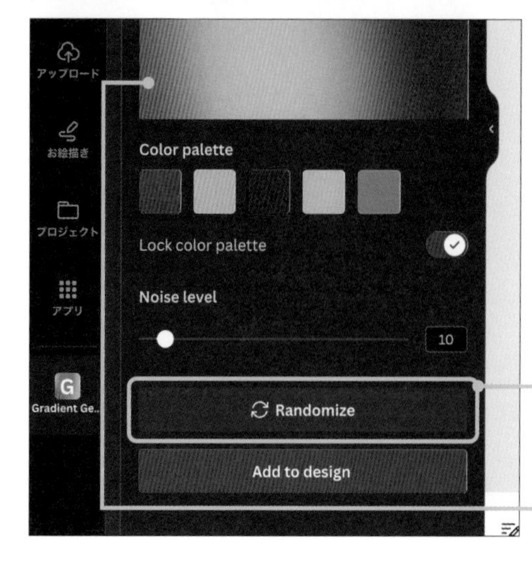

3「Randomize」をクリック

4 ランダムなグラデーションが表示される

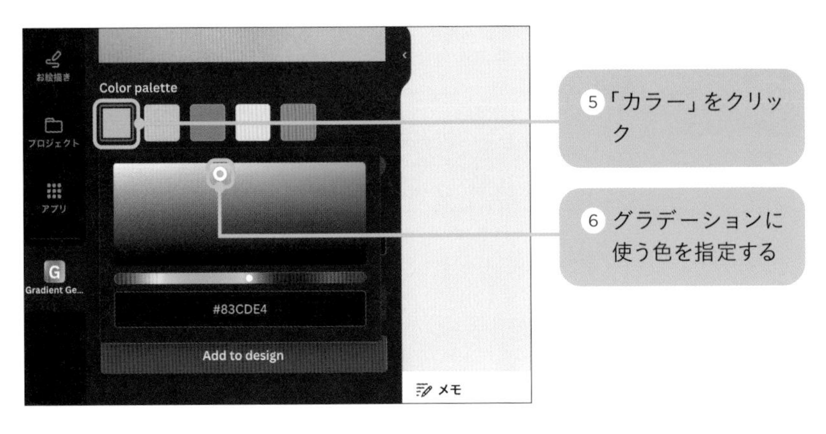

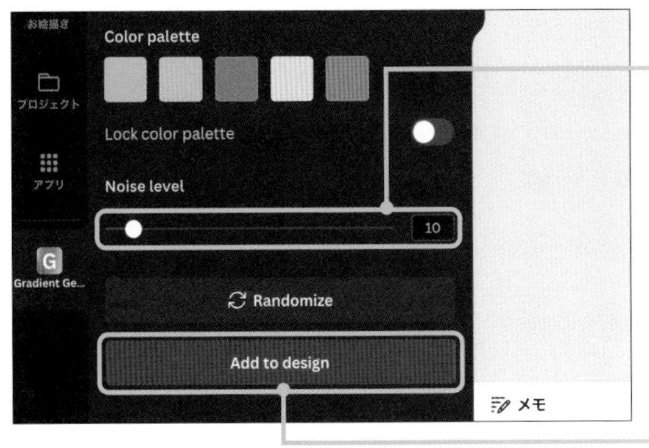

MEMO

「Lock color pallet」をオンすると、「Randomize」をクリックする際にカラーが固定され、グラデーションの位置のみ変化します。

Tips!

無料版 プロ版

136 マジック作文で文章を書いてもらう

「資料作成中に文章が思い浮かばない」「長い文章をSNS用に要約して掲載したい」。そんなときに便利なのが「マジック作文」機能です。書きたい内容を入力するとAIが文章を作成してくれます。文章を書くのが苦手な人も助かる機能です。

入力内容をもとに文章を書いてもらう

①画面右下の「Canvaアシスタント」をクリック

②「マジック作文」をクリック

MEMO

無料版はマジック作文を累計50回まで、プロ版は月ごとに500回まで利用できます。

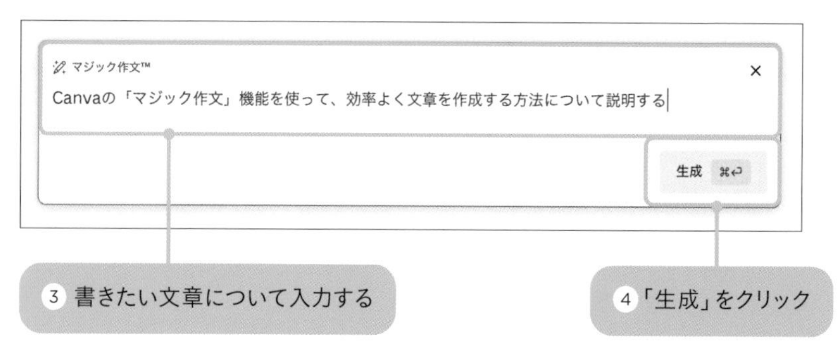

③書きたい文章について入力する

④「生成」をクリック

5 文章が生成される

6「挿入」をクリックしてページに配置する

← Canvaの「マジック作文」機能を使って、効率よく文章を作成する方法について説明する

Canvaの「マジック作文」機能を使うと、デザイン作成中にも効率良く、クリエイティブな文章を簡単に生成することができます。この機能を最大限に活用するための方法はいくつかあります。まず、具体的な指示を与えることが重要です。例えば、「明るい雰囲気の商品紹介文」と指定すると、求める文脈に合った内容が生成されます。次に、生成された文章をカスタマイズすることを忘れずに。マジック作文はあくまでもベースを提供するもので、個人のニーズやブランドの声に合わせて微調整が可能です。さらに、異なるスタイルやトーンでの文章生成を試みることで、目的に最も適した表現を見つけ出すことができます。この機能を使いこなすことで、時間を節約しつつ、魅力的なコンテンツの作成が容易になります。

これが適切でない場合はお知らせください。　再試行　挿入

MEMO

AIによる文章のため、内容については確認が必要です。

要約・書き換えしてもらう

1 要約したいテキストを選択した状態で、「マジック作文」をクリック

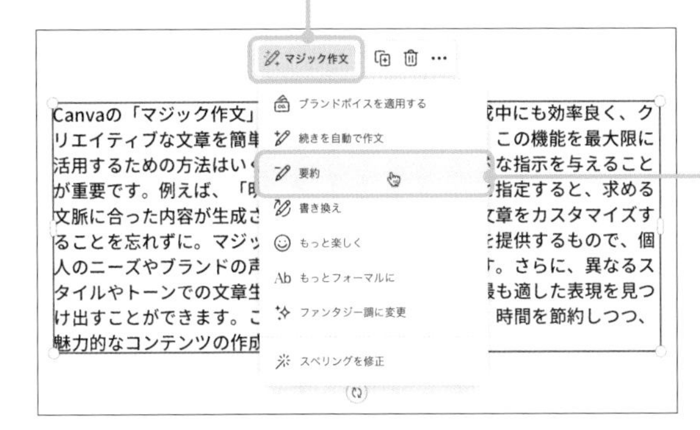

2「要約」をクリック

MEMO

「もっと楽しく」「もっとフォーマルに」などを選択して、文体を変えることもできます。

Canvaの「マジック作文」機能は、デザイン作成時に効率的にクリエイティブな文章を生成するのに役立つ。具体的な指示を与えて文章を生成し、カスタマイズして個々のニーズやブランドに合わせる。異なるスタイルやトーンを試して、最適な表現を見つける。これにより、時間を節約しつつ魅力的なコンテンツを作成できる。

3 文章が短く要約される

無料版 プロ版

作成したデザインの文字を翻訳する

翻訳アプリを使うと、デザイン内の文章を指定した言語で置き換えることができます。デザインが崩れないよう、フォントサイズを自動的に変更することも。一度つくったポスターを外国の方向けに修正するときなどにも役立ちそうです。

テキストを翻訳する

1 「アプリ」をクリック

2 「AI自動翻訳」を検索して開く

MEMO

無料版は累計50ページまで、プロ版は月ごとに500ページまで翻訳できます。

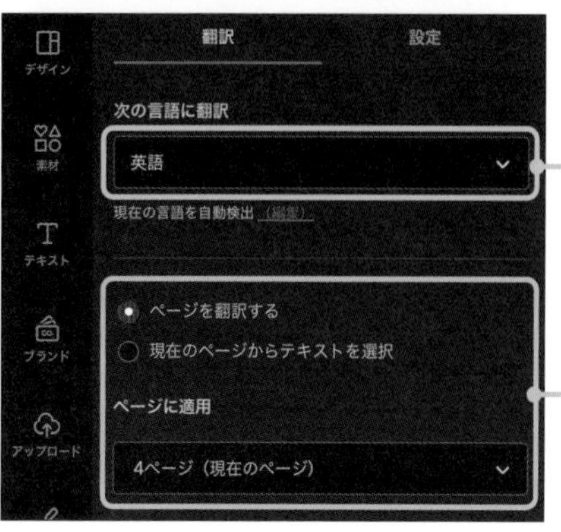

3 翻訳する言語を選択する

4 翻訳対象を選択する

5「翻訳する」をクリック

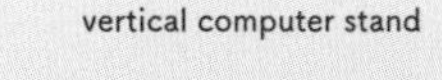

PCやタブレットを縦置きできて省スペースに！
シンプルデザインでしっかり安定してる。
幅も調整できるよ。

You can place your PC or tablet vertically to save space! It has a simple design and is stable. You can also adjust the width.

6 テキストが翻訳された

POINT 「設定」タブでできること

パネル上部の「設定」タブをクリックすると、フォントサイズの自動変更や翻訳時のページの複製などを設定できます。

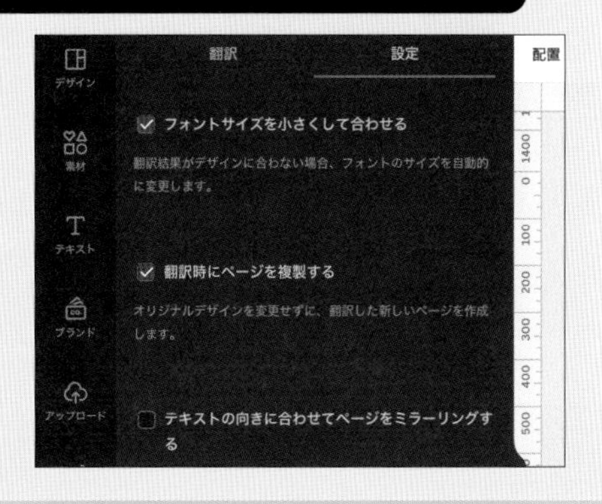

無料版 プロ版

138 原稿×テンプレートでデザインを一括作成する

Instagramの投稿や、年賀状の宛名など、スプレットシートで管理している内容を一気にテンプレートに反映させたいときに役立つ機能が「一括作成」です。作業効率がぐっと上がる機能なので、ぜひ覚えておいてくださいね。

テンプレートと原稿を用意する

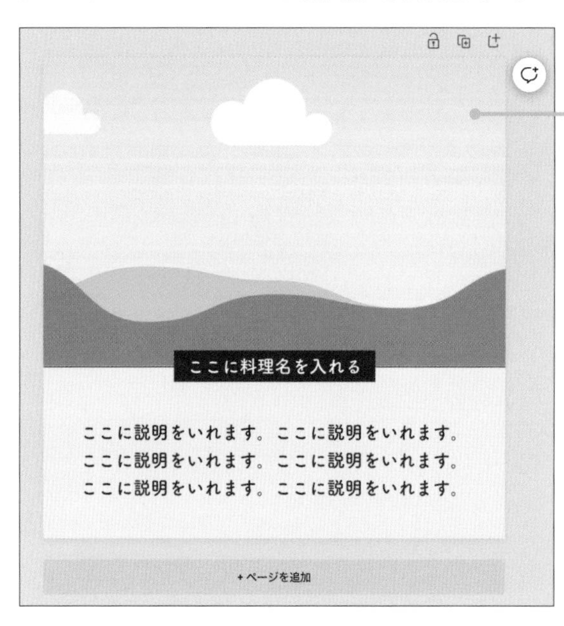

1 投稿内容を反映させるためのテンプレートを作成する

MEMO

今回は画像を入れるフレーム素材と、テキストボックスで作成しました。

2 投稿内容をタイトル・説明などに分けてスプレッドシートやExcelにまとめ、使用したい範囲をコピーする

	A	B
1	料理名	説明
2	1. たまごかけごはん	簡単ながら栄養たっぷりの卵かけごはん。ご飯に混ぜて完成！
3	2. たまごサラダ	野菜と卵を組み合わせて、爽やかなサラダを作ろう。
4	3. たまごサンド	サンドイッチに卵サラダを挟んで、手軽なランチに。
5	4. フレンチトースト	フレンチトーストに卵液をたっぷり浸して、ふわふわに仕上げよう。
6	5. たまごスープ	温かいスープに溶き卵を加えて、優しい味わいを楽しもう。
7	6. スクランブルエッグ	お手軽に作れるスクランブルエッグ。色々な具材と合わせて楽しもう。
8	7. カルボナーラ	スパゲッティに混ぜてクリーミーな味わいに仕上げよう。
9	8. たまごチャーハン	ご飯と一緒に炒めて作る簡単で美味しいチャーハン。
10	9. 煮たまごおにぎり	ごはんと卵で手軽に作る、おいしいおにぎりのアイデア。
11	10. たまごたっぷりプリン	卵を使って手軽に作るなめらかなプリン。子どもたちも大喜び！
12		

一括作成アプリに原稿を入力する

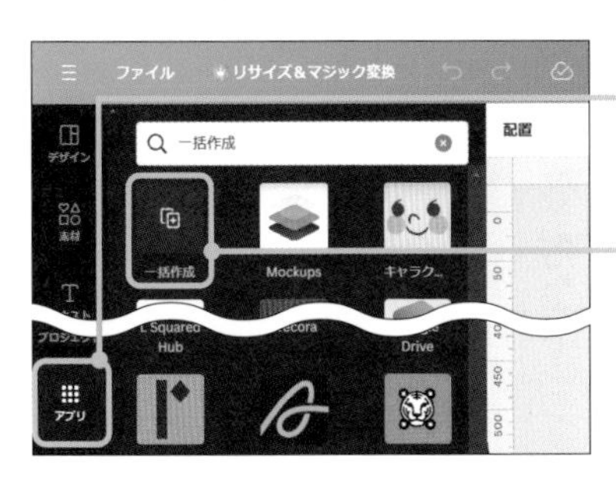

1「アプリ」をクリック

2「一括作成」を検索して開く

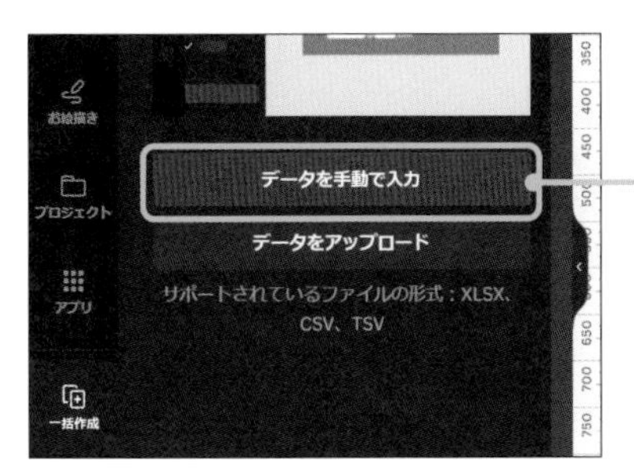

3「データを手動で入力」をクリック

MEMO

Excelや、CSVで保存したファイルを「データをアップロード」から読み込むこともできます。

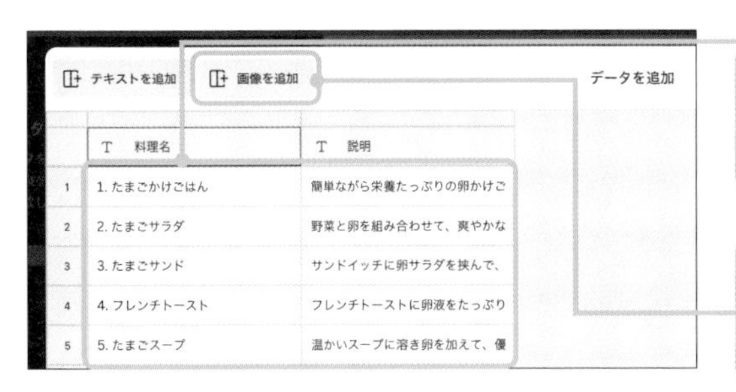

4 前ページでコピーした内容を表に貼り付ける

5 画像を追加するには「画像を追加」をクリック

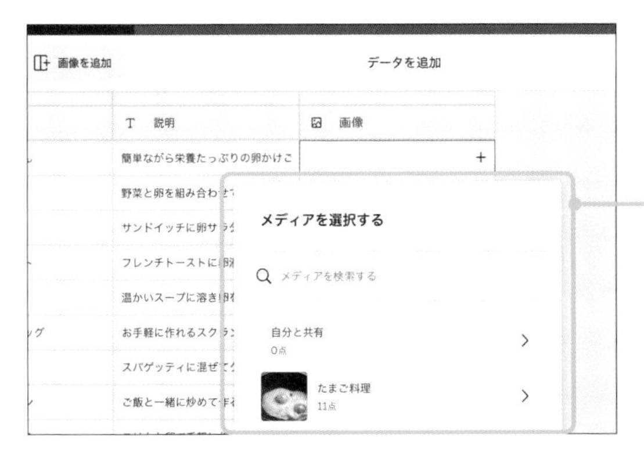

6「画像」の行をクリックし、画像を選択する

MEMO

画像はCanvaにアップロード済みのものから選択可能です。

テンプレートに原稿を紐づける

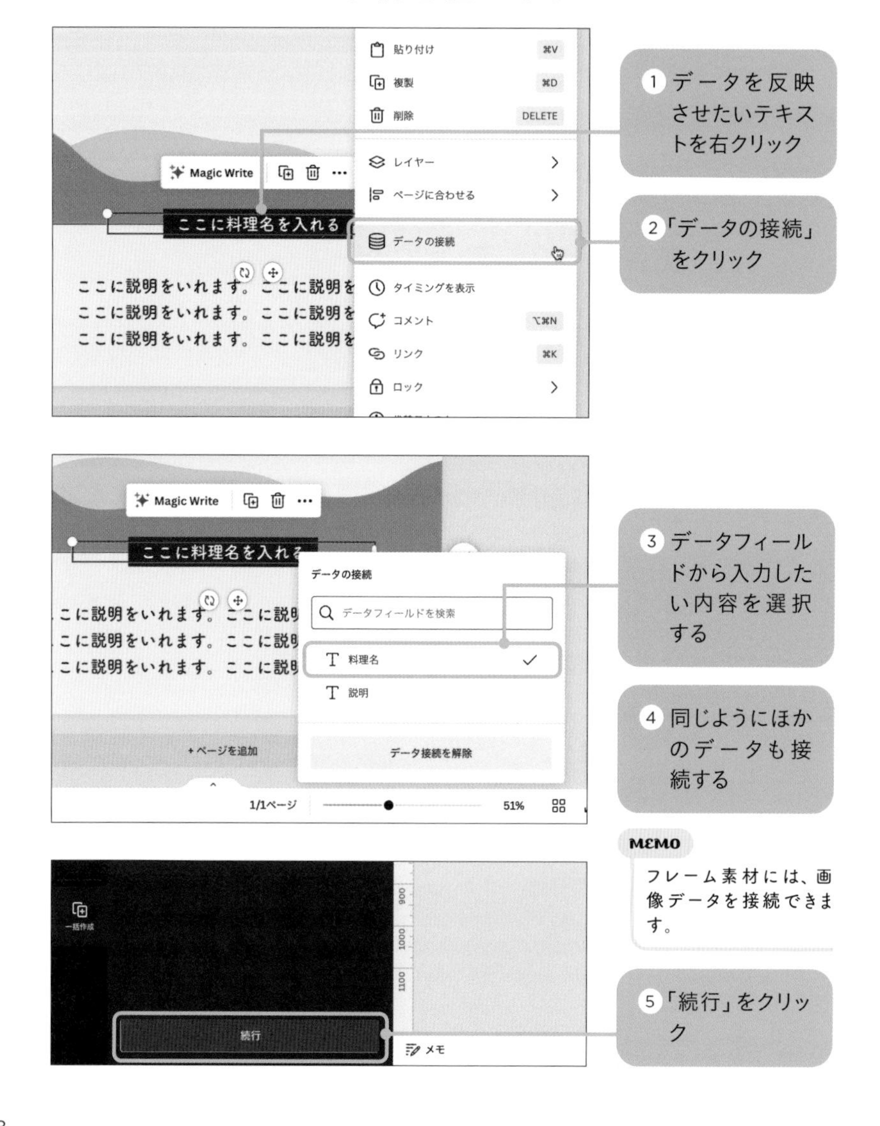

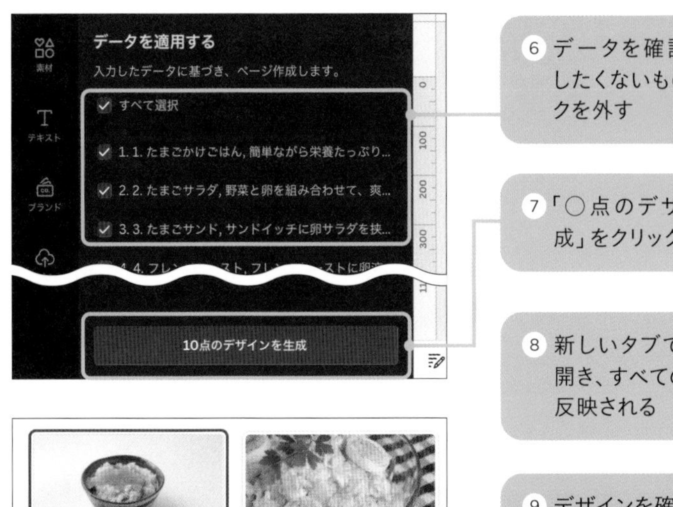

6 データを確認し、反映したくないものはチェックを外す

7「○点のデザインを生成」をクリック

8 新しいタブでページが開き、すべてのデータが反映される

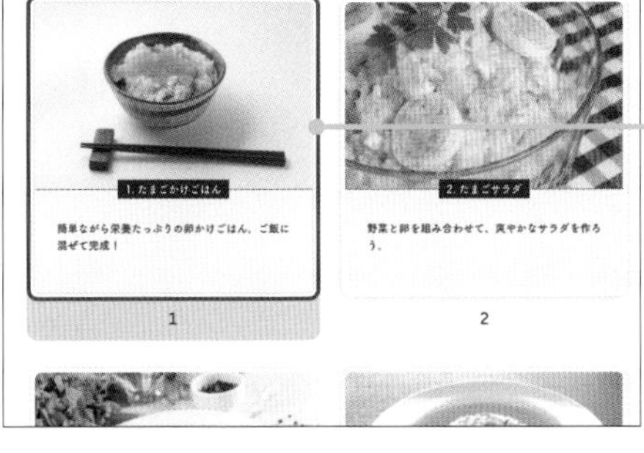

9 デザインを確認し、整えたら完成

POINT ChatGPTと組み合わせてさらに効率化

今回のInstagram投稿はChatGPTからヒントをもらって作成しました。内容や文字数などを指定して、「テーブル形式でまとめてください」と送ると表にまとめてくれます。このまま表をコピーして、一括作成の表にペーストすることもできます。

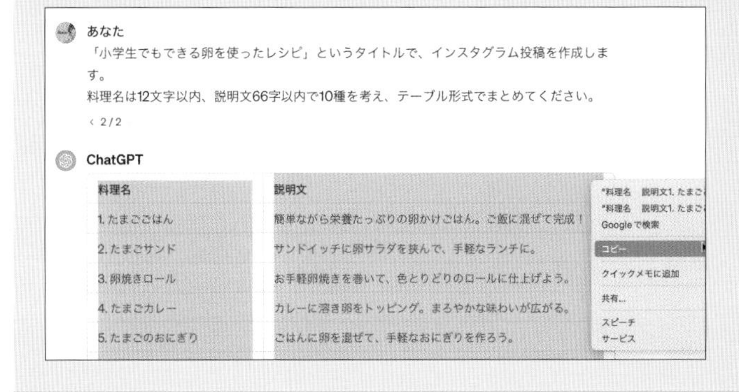

あなた
「小学生でもできる卵を使ったレシピ」というタイトルで、インスタグラム投稿を作成します。
料理名は12文字以内、説明文66字以内で10種を考え、テーブル形式でまとめてください。
‹ 2/2

ChatGPT

料理名	説明文
1. たまごごはん	簡単ながら栄養たっぷりの卵かけごはん。ご飯に混ぜて完成！
2. たまごサンド	サンドイッチに卵サラダを挟んで、手軽なランチに。
3. 卵焼きロール	お手軽卵焼きを巻いて、色とりどりのロールに仕上げよう。
4. たまごカレー	カレーに溶き卵をトッピング。まろやかな味わいが広がる。
5. たまごのおにぎり	ごはんに卵を混ぜて、手軽なおにぎりを作ろう。

無料版 プロ版

AIプレゼンターに文章を読ませる

動画にナレーションを入れたいときや、文章の読み上げが必要なときは、AIに代わりに読み上げてもらいましょう。自分の顔や声を出さなくても、YouTubeなどに挑戦できる可能性も広がります。D-IDはアカウント連携が必要で、回数制限もあります。

D-IDで文章を読み上げる

1 「アプリ」をクリック

2 「D-ID AI Presenters」を検索して開く

3 プレゼンターを選択する

4 文章を入力する

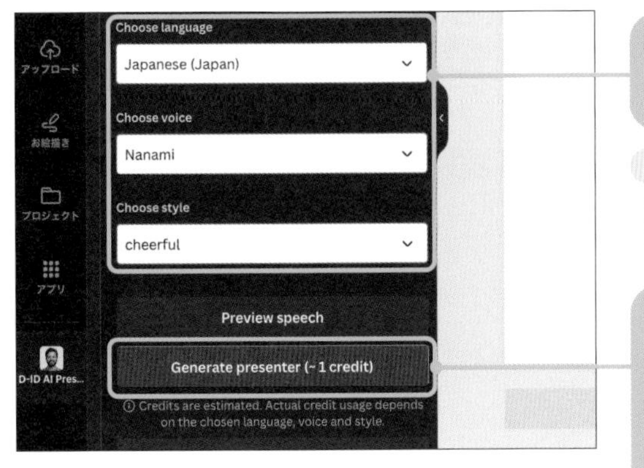

5 言語や声、スタイルを選択する

MEMO

「Preview speech」から音声を確認することができます。

6 「Genarate presenter」をクリックして、D-IDにアカウント連携して動画を生成する

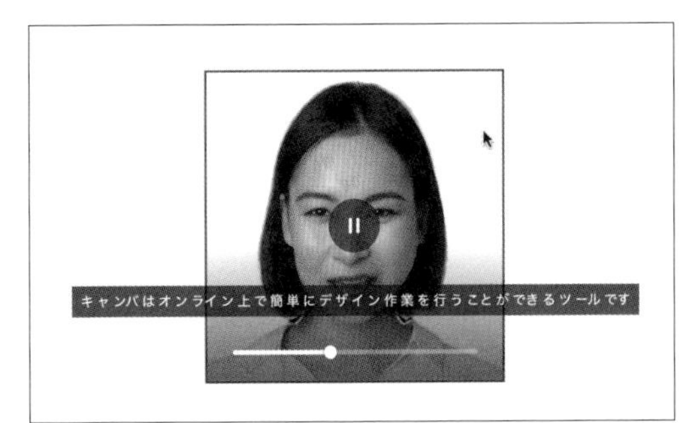

7 プレゼンターが文章を話す動画が生成された

POINT その他のおすすめAI読み上げアプリ

アバター＋読み上げ

- Puppetry：髪や服装などを選んで好みのAIアバターを生成し喋らせることができます。アカウント連携不要・1日あたりの回数制限あり。
- Avaters by NeiroAI：アバターが自然な動きで読み上げしてくれます。アカウント連携が必要。
- Krikey AI Animate：3Dアバターがダンスなどの動きをしながら話します。アカウント連携不要・回数制限あり。

読み上げ

- Voiceover：「女性で穏やかな声」など特徴のある音声が選べます。アカウント連携不要・文字数制限あり。
- Multilingual：入力したテキストを別の言語のナレーションに翻訳して読み上げます。アカウント連携不要・文字数制限あり。
- Text to Speech：ボリューム・速さ・ピッチなど指定できます。アカウント連携が必要・文字数制限あり。

無料版 プロ版

Tips!

140 イメージにあった音楽を生成する・探す

イメージに合う音楽をすぐに作曲してくれる「Soundraw」アプリは、アカウント連携することで14日間限定で使用できます。ほかにも音楽系のアプリが用意されているので、動画やプレゼンテーションにぴったりの音楽を見つけることができますよ。

Soundrawで音楽を生成する

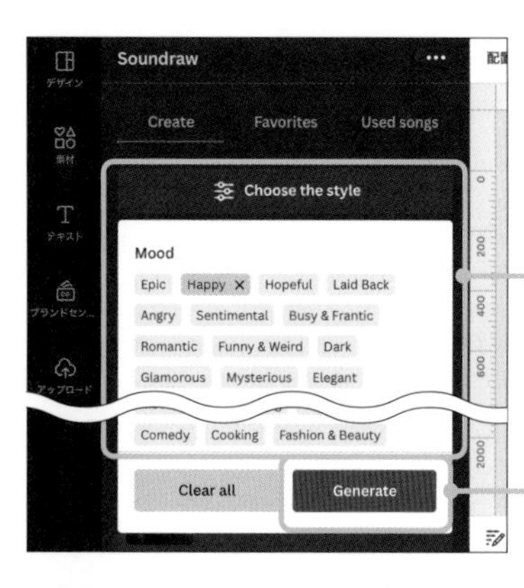

1 「アプリ」から「Soundraw」を検索して開く

2 「Choose the style」からムード、ジャンル、テーマ、長さを選択する

3 「Generate」をクリック

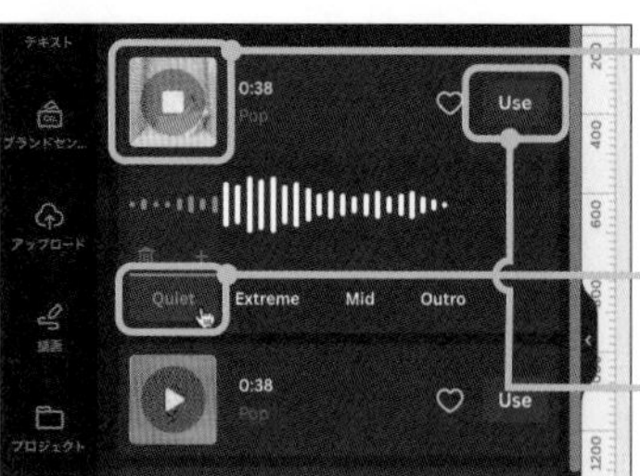

4 再生ボタンを押して曲を確認する

5 曲のパートをクリックして、盛り上がり度合いを変更する

6 「Use」をクリック

POINT

その他の音楽系アプリ

- MelodyMuse：曲のイメージをテキスト入力すると最大10秒のBGMに変換してくれる。
- Tunetank：3,000曲以上のロイヤリティフリー楽曲の中から検索して使用できる。

第9章

デザインの書き出し・共有ワザ!

Canva

無料版 プロ版

用途に適した形式でダウンロードする

Canvaで画像を作成したら、用途に適した形式でダウンロードしましょう。WebサイトやSNSに使用する画像の場合はPNGやJPG、印刷物の場合はPDFなど選ぶことができます。ダウンロード手順と、それぞれの形式の特徴についても紹介します。

形式を選択して保存する

MEMO

無料版では設定できない項目もあります。

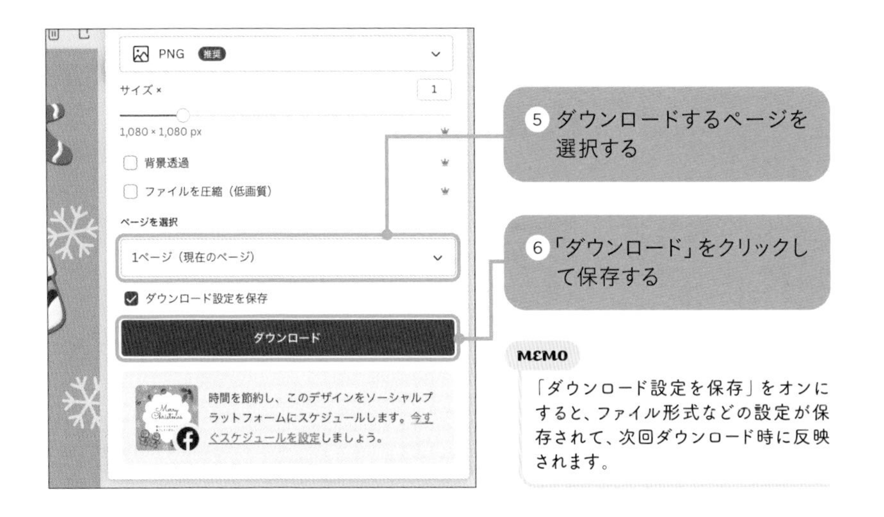

MEMO

「ダウンロード設定を保存」をオンにすると、ファイル形式などの設定が保存されて、次回ダウンロード時に反映されます。

どの形式で保存すればいい？

画像

- PNG：迷ったときはこれ。文字や図が含まれる画像もキレイにダウンロードできます。プロ版では背景透過・サイズ・ファイル圧縮が選択できます。
- JPG：写真などに適していて、PNGよりもデータサイズが抑えられます。透過表現には非対応の形式。プロ版ではサイズと品質を選択できます。
- SVG：ロゴなどの画像をWebデザインで使用したいときに向いています。プロ版のみ利用できます。

文書・印刷

- PDF（標準）：文章や資料などに適しています。メールで送りたいときなどデータ容量を抑えめにしたいときに。
- PDF（印刷）：印刷用に精細なデータを出力できます。印刷会社に発注するデータを作成するときにもこちらを選択します。

動画

- MP4形式：動画をダウンロードするときに使用します。プロ版では品質（解像度）が選択できます。
- GIF　：短いアニメーションなどをダウンロードしたいときに。音声は含まれません。

Tips!

無料版 プロ版

142 デザインの一部だけダウンロードする

Canvaでデザインしていて、「この素材と文字の部分だけダウンロードしたいな」と思うことありませんか？実は、複数の素材を選択すればダウンロードできるんです。私はInstagramのハイライトカバーをダウンロードするときによく使っています。

複数選択した素材をダウンロードする

① Shiftキーをしながら素材を複数選択する

MEMO
素材単体ではダウンロードできないため、2つ以上の素材を選択します。

② 選択した素材を右クリックして「選択した素材をダウンロード」をクリック

③ 設定を確認し、「ダウンロード」をクリック

MEMO
選択した素材が1枚の画像として出力されます。

Tips!

無料版 プロ版

143 アップロード済みの画像をダウンロードする

スマホやPCから削除してしまった大切な写真や画像。もし、Canvaにアップロードしたことがあるものだったら、そこからダウンロードすることができます。アップロードした画像を検索する方法についても紹介します。

アップロードした画像をダウンロードする

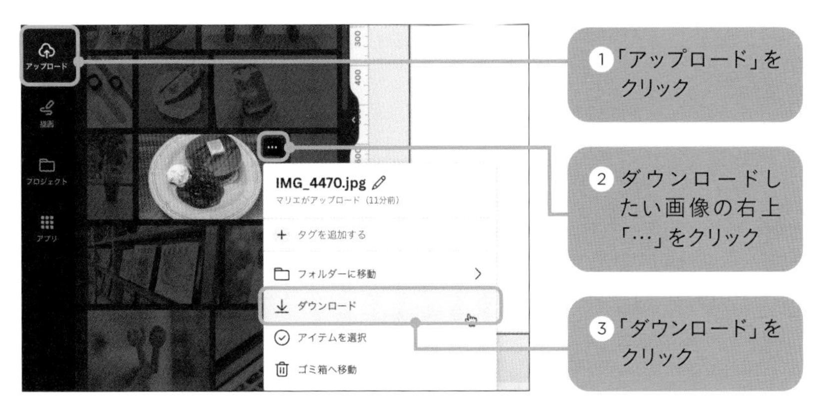

1「アップロード」をクリック

2 ダウンロードしたい画像の右上「…」をクリック

3「ダウンロード」をクリック

POINT アップロード画像を探すコツ

Canvaにアップロードした画像は被写体や文字が自動認識されるので、ファイル名や被写体、画像内の文字で検索することができます。また、ファイル名やタグを入力しておくことでも探しやすくすることができます（→P.76）。

検索ワード「カフェ」に関連した画像が表示される

第9章 デザインの書き出し・共有ワザ！

ダウンロード

無料版 プロ版

デザインを共同で編集する

デザインを共有したい人に招待メールを送って、内容を一緒に編集することができます。編集可・コメント可・表示可など、あとから権限の変更も可能です。なお、デザインを共同編集する相手もCanvaのアカウント登録が必要です。

共同編集する人をメールで招待する

編集権限を変更・削除する

1「共有」をクリック

2「編集」をクリック

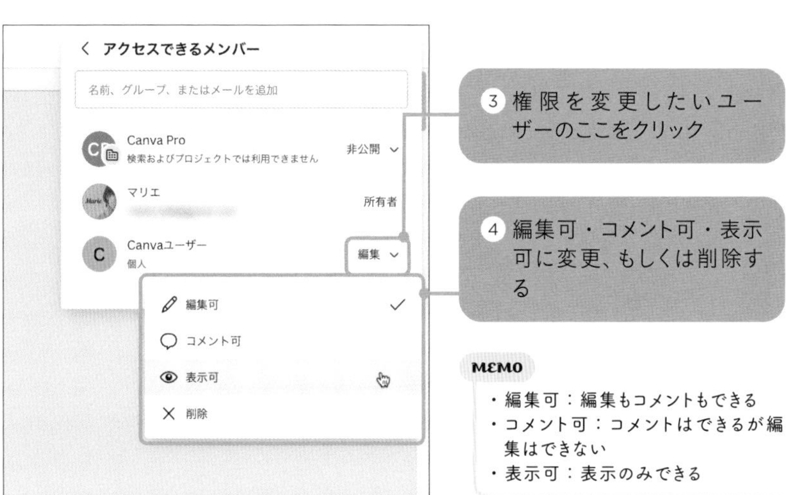

3 権限を変更したいユーザーのここをクリック

4 編集可・コメント可・表示可に変更、もしくは削除する

MEMO

- 編集可：編集もコメントもできる
- コメント可：コメントはできるが編集はできない
- 表示可：表示のみできる

POINT URLを伝えて共同編集することも

「共有」をクリック後に表示される「コラボレーションリンク」を「リンクを知っている全員」「編集可」に設定すると、URLを知っている人全員がデザインを編集できるようになります（アカウント登録も不要）。気軽に共有できて便利な反面、デザインにアクセスできるユーザーの管理はしにくいです。

無料版 プロ版

Tips!

145 デザインを確認用に共有する

公開閲覧リンクを作成すると、Canvaアカウントを持っていない人も閲覧できるようになります。静止画のみのデザインはプレゼンテーション形式で、動画データが含まれる場合は動画形式で表示されます。

公開用のURLを作成する

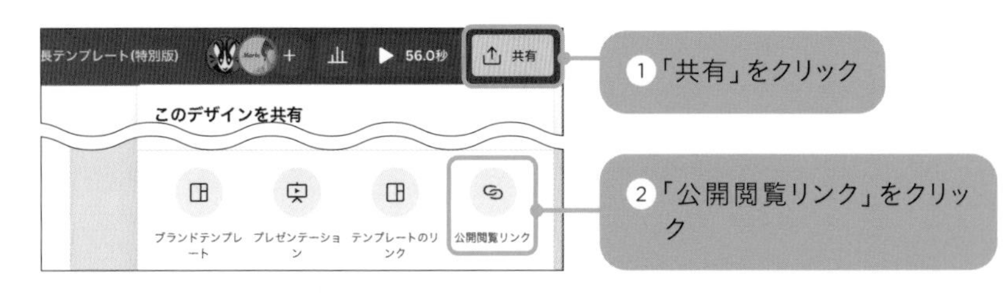

1「共有」をクリック

2「公開閲覧リンク」をクリック

3「公開閲覧リンク作成」をクリック後、URLをコピーして相手に伝える

MEMO

「公開閲覧リンクを削除」をクリックでリンクを無効にできます。

POINT

表示回数をインサイトで確認する

画面右上のインサイトアイコンをクリックすると、共有したデザインがどのくらい見られているかを確認することができます。プロ版ではさらにエンゲージメントやURLごとのアクセス数も確認でき、たとえばSNSで資料を配布した際などに反響がチェックできます。

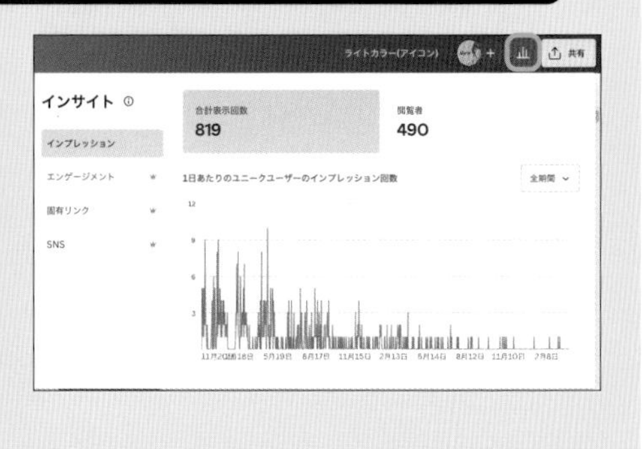

Tips! 146

デザインをテンプレートとして共有する

テンプレートのリンクとして共有すると、デザインはコピーされて相手に共有されます。テンプレートのデザインや内容を編集しても元のデータに影響はありません。

テンプレートとして共有する

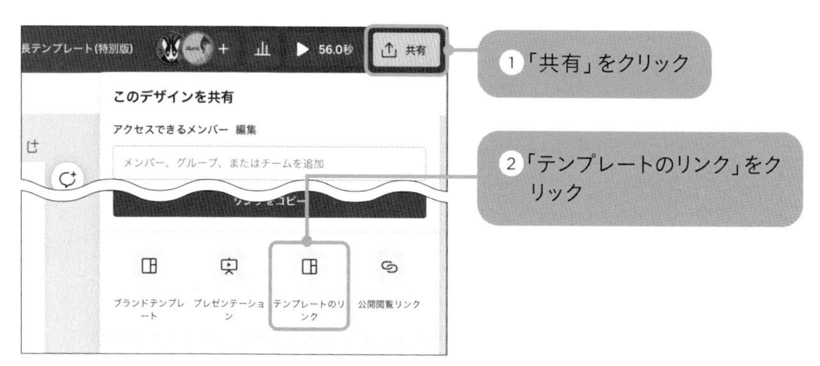

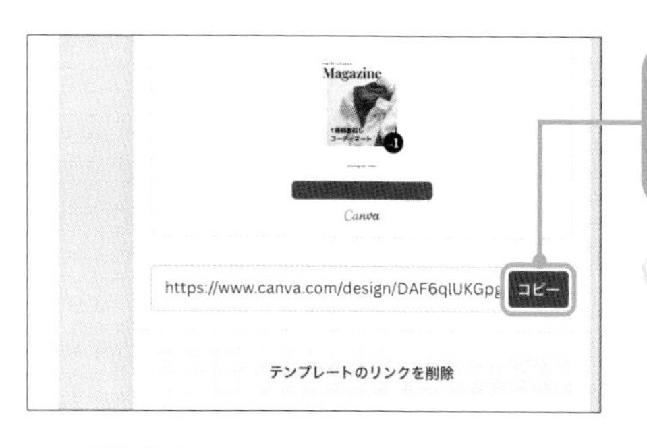

③「テンプレートのリンクを作成」をクリック後、URLをコピーして相手に伝える

MEMO

「テンプレートのリンクを削除」でリンクを無効にできます。

POINT チームならブランドテンプレートが便利

Canvaをチームで使っている場合は、ブランドテンプレートで共有するのがおすすめです。ブランドテンプレートはブランドキット（→P.46）に登録されるので、参加しているチームのメンバーは、サイドパネルの「ブランド」からすぐに呼び出すことができます。ブランドテンプレートとして登録するには、手順2で「ブランドテンプレート」をクリックします。

無料版 プロ版

デザインをスマートフォンに送信する

パソコンで作業していたデザインの続きを、移動中にスマホで作成したいときなどに役立つ機能です。表示されたQRコードをスマホで読み取るだけで、ブラウザまたはCanvaアプリで作成中のデザイン画面が表示されます。

作成中のデザインをスマホで開く

1 デザインを作成する

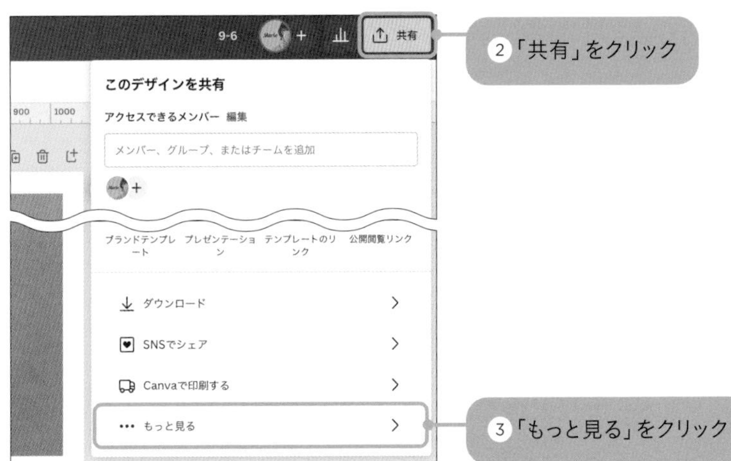

2「共有」をクリック

3「もっと見る」をクリック

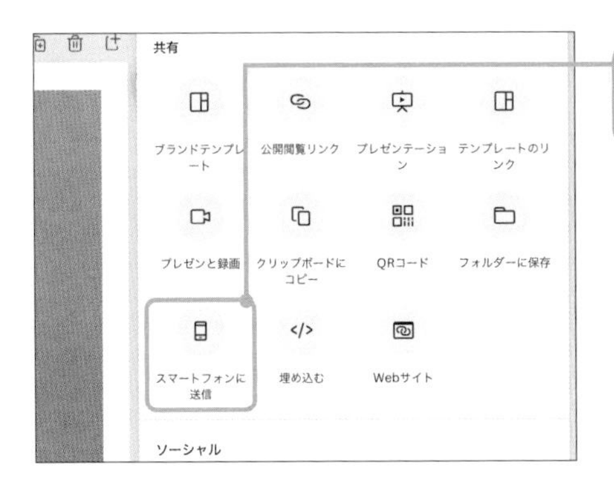

4「スマートフォンに送信」をクリック

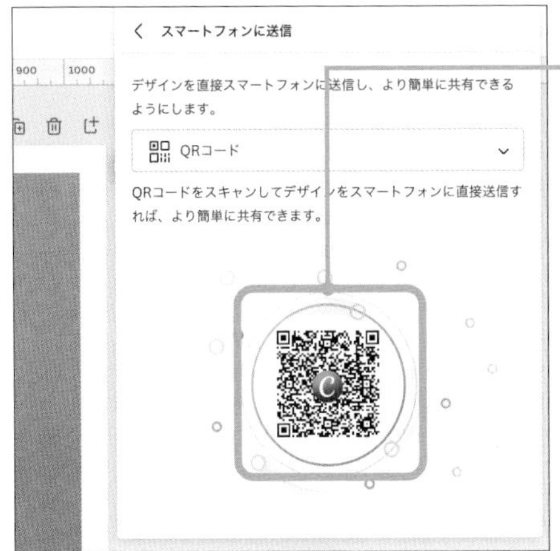

5 表示されたQRコードをスマートフォンで読み込む

MEMO

プルダウンメニューをクリックして、「メールに送信」を選択することもできます。

6 ブラウザまたはCanvaアプリでデザインの編集画面が表示される

MEMO

スマートフォン向けのCanvaアプリ（iOS／Android）もブラウザ版・デスクトップアプリと連動しており、スマホで編集した内容が即時にデータに反映されます。

Tips! 148

デザインを各SNSに合わせたサイズに変更する

Canvaプロではデザイン作成後にサイズを変更することが可能です。ただサイズが変わるだけではなく、AIによってそのサイズに最適なレイアウトに変換してくれます。今回は正方形のInstagram投稿をストーリーズのサイズに変更してみます。

デザインのサイズを変更する

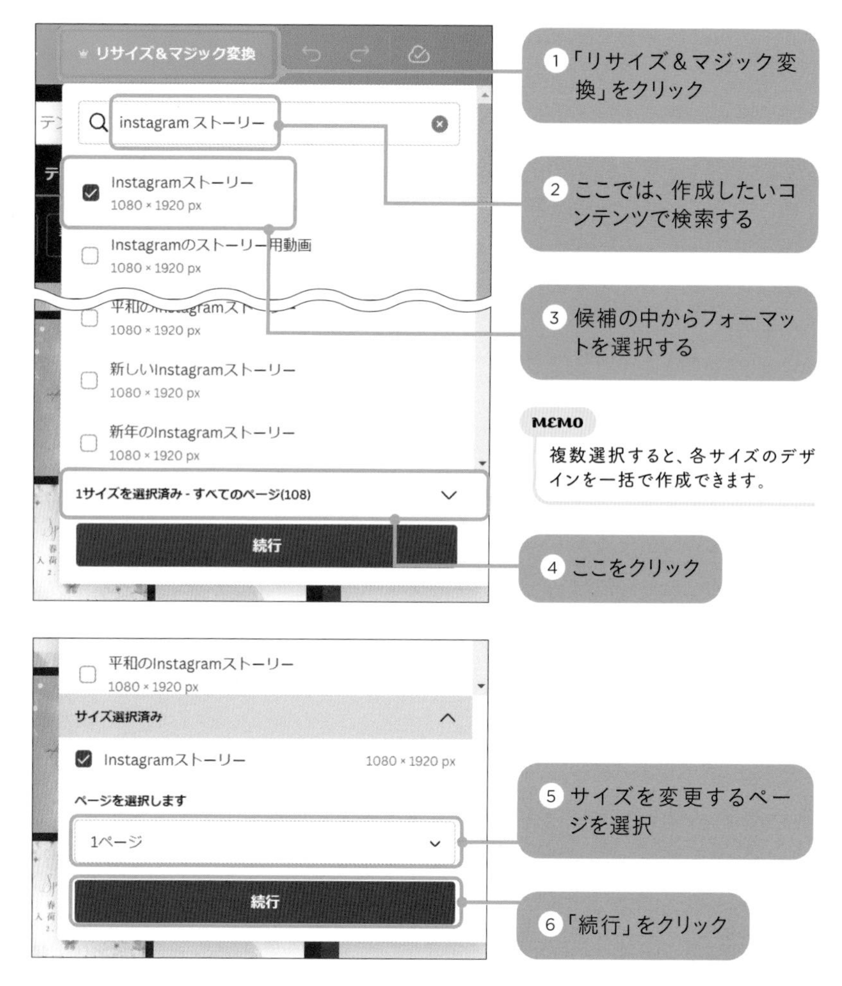

MEMO
複数選択すると、各サイズのデザインを一括で作成できます。

⑦プレビューが表示されたら「コピーとサイズ変更」をクリック

⑧「ストーリーを開く」をクリックすると、別のタブで新しいサイズのデザインが表示される

数値を指定してサイズ変更する

①「リサイズ&マジック変換」→「カスタムサイズ」の順にクリック

②幅や高さを入力し、前ページ手順4以降の操作を行う

Tips!

無料版 プロ版

149 Canvaから各SNSに投稿する

Canvaの共有機能からInstagram・Facebook・X(旧Twitter)などのSNSに投稿することができます。一度ログインをしてしまえば、デバイスに画像を保存してアプリを開く手間が省けて、時間の短縮ができます。ここでは、Xへの投稿について紹介します。

CanvaからXに投稿する

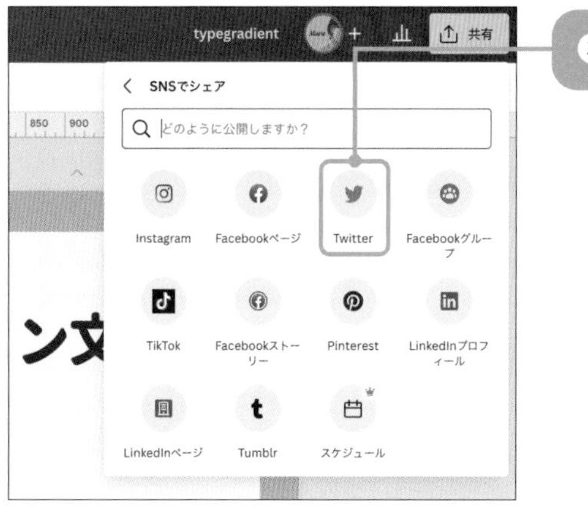

④「Twiterに紐付けする」をクリックして、画面に従ってアカウントにログインする

⑤ 投稿したいページを選択する（Xの場合は4枚まで投稿可能）

⑥ 投稿に使うテキストを入力

⑦「今すぐ公開」をクリックする

MEMO

プロ版ではカレンダーアイコンから予約投稿を行えます。

POINT

Instagramへの投稿について

手順3で「Instagram」を選択すると下の画面が表示されます。使用しているアカウントの種類によって操作が変わるので注意してください。なお、いずれの場合も投稿できる画像は1枚のみです。

- 個人アカウント・クリエイターアカウントの場合：「モバイルアプリからすぐに投稿」から、QRコードでCanvaアプリを開いて共有する。
- ビジネスアカウントの場合：「デスクトップからの投稿をスケジュール」からCanvaと連携して直接投稿または、投稿予約する。

SNS投稿のスケジュールを管理する

個人やショップのSNS投稿をしている方の中には、季節のイベントに合わせて投稿の予定を立てている方もいらっしゃると思います。Canvaの「コンテンツプランナー」を使うと、投稿の計画を立てたり、予定に合わせたテンプレートを探したりできます。

投稿スケジュールを立てる

1 ホーム画面で「アプリ」をクリック

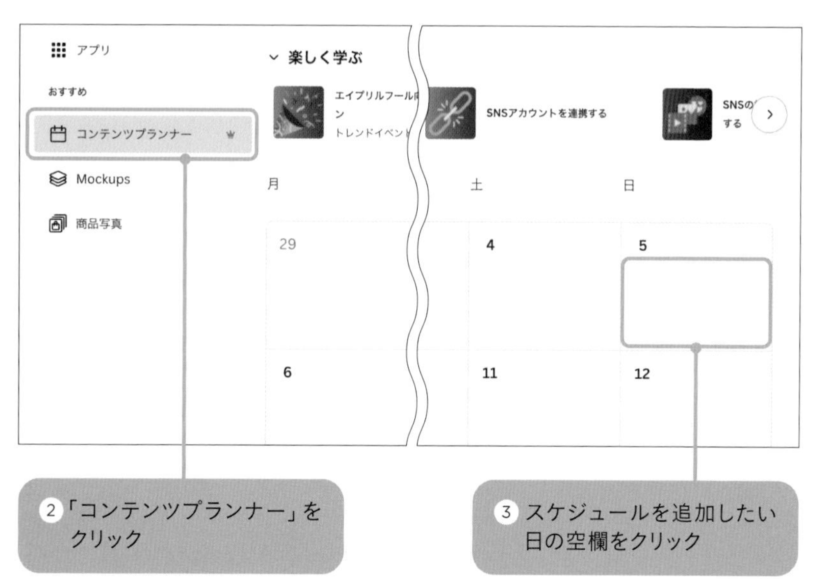

2 「コンテンツプランナー」をクリック

3 スケジュールを追加したい日の空欄をクリック

mの投稿をスケジュー
る
SNSアカウントを連携する
新しいイベント
日曜日, 5月5日
子供の日
説明を追加
キャンセル
保存
4 イベント名や投稿内容などを入力する
5「保存」をクリック
SNSアカウントを連携する
土
日
4
5
子供の日
11
12
6 予定が保存されるので、再度クリック
7 イベント名にあったテンプレートが表示され、スムーズに投稿が作成できる
すべてのカテゴ...
子供の日
日曜日 5月5日
デザインを作成
World Art Day
こどもの日フェア
KODOMONOHI
こどもの日

Tips!

無料版 プロ版

SNSに予約投稿をする

Canvaプロでは予約投稿も可能です。コンテンツプランナーから日時を指定して、Canvaで作成したデザインを選び、キャプションを入力しておくだけ。特別なツールをつかわなくても、Canvaで一貫してここまでできるのはすごいです。

SNSに予約投稿をする

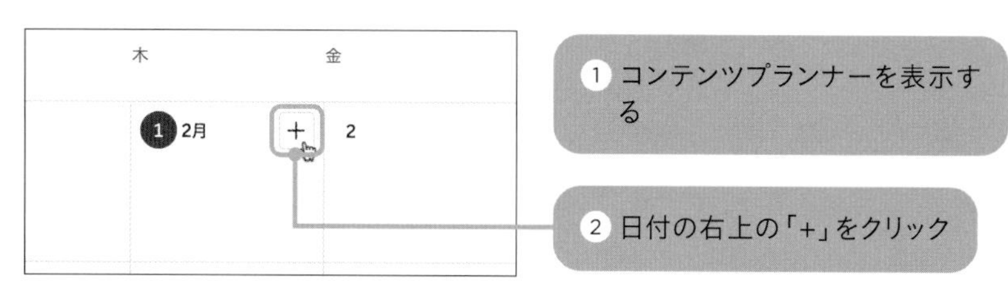

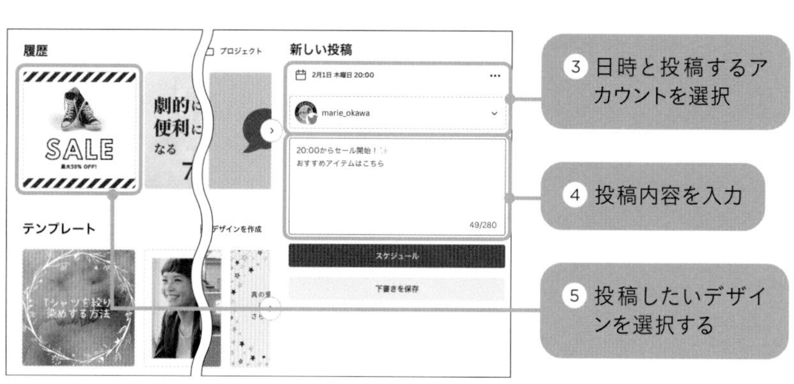

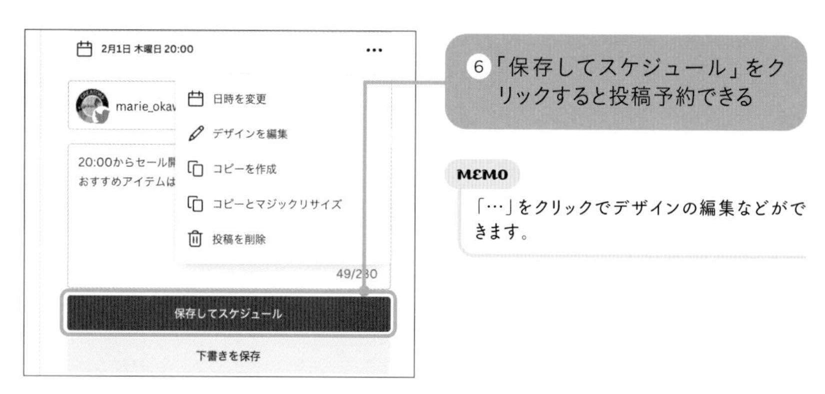

MEMO

「…」をクリックでデザインの編集などができます。

無料版 プロ版

152 デジタルカタログとして公開する

アルバムやページをめくる作業は、ワクワク感があって楽しいですよね。Canvaで作成したデザインは、ページをめくるエフェクトなどを追加したデジタルカタログとして公開することができます。作品集や写真集などを公開したいときにおすすめです。

デジタルカタログを作成する

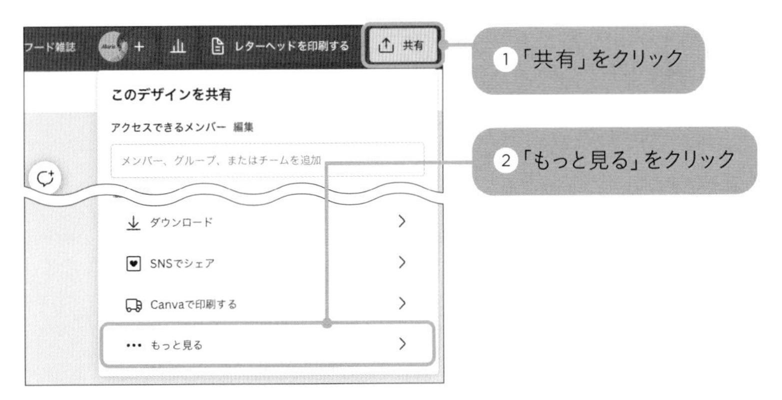

3 検索窓に「flip」と入力し、「Heyzine Flipbooks」をクリック

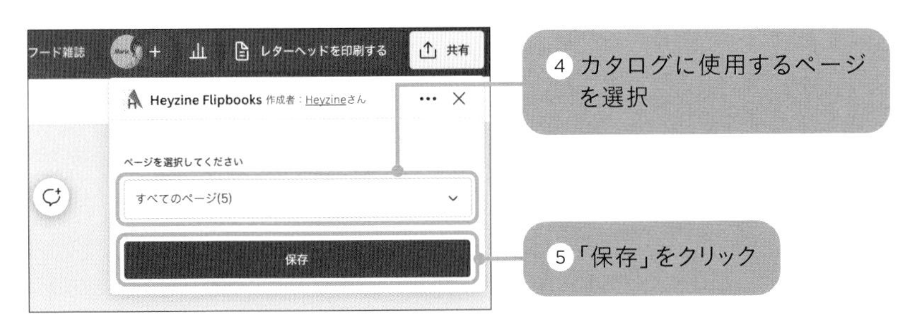

第9章 デザインの書き出し・共有ワザ！

投稿・公開

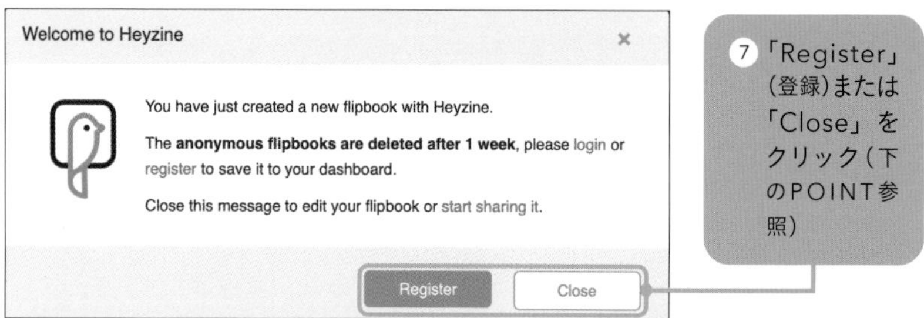

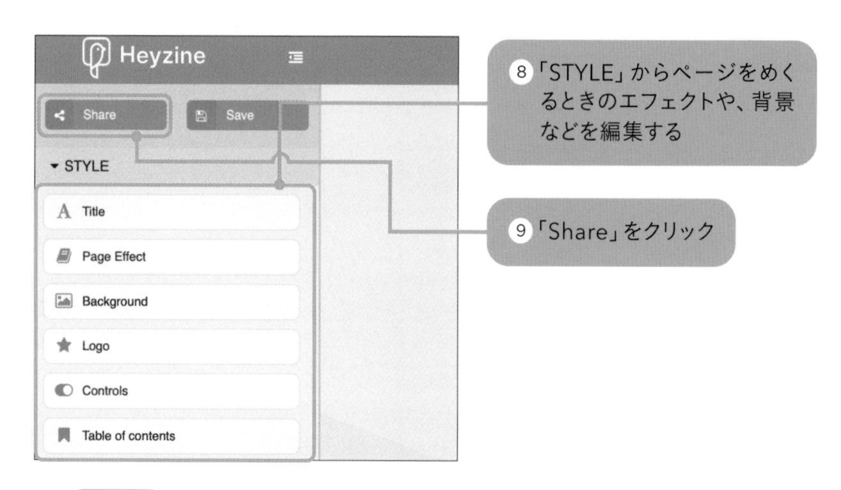

POINT

アカウント登録すればデータが残る

Heyzineにアカウント登録しない場合、作成したデジタルカタログは1週間で削除されます。アカウント登録はGoogleアカウントでもできるので、デジタルカタログを残しておきたい場合はアカウントを登録するようにしましょう。

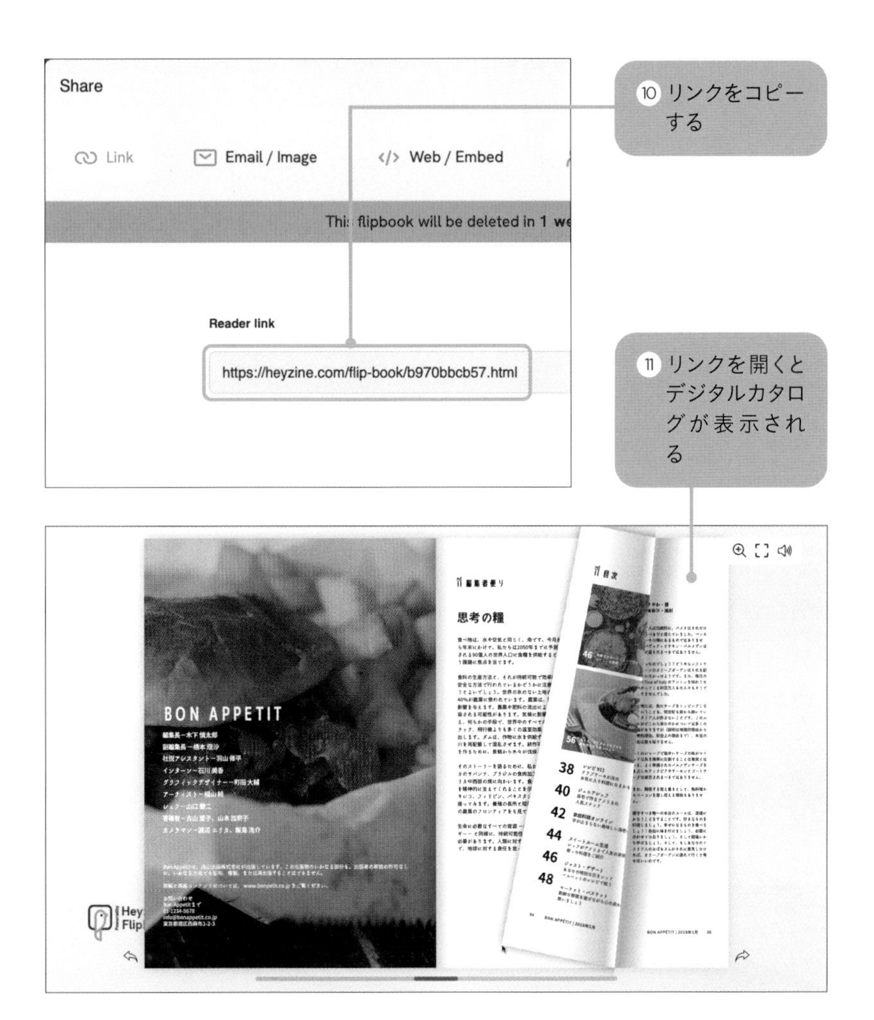

POINT デジタルカタログのおすすめ設定

手順8の「STYLE」にある「Page Effect」ではページをめくるときのエフェクトを選べます。簡単に印象が変えられるので、ここではおすすめのエフェクトをいくつか紹介します。

- Magazine：表紙・本文ページとも薄い紙をめくるようなエフェクト
- Album：硬質な表紙と厚手のページを開いていくようなエフェクト
- Slider：前後のページを薄く表示しながら、スライド表示するエフェクト
- Cards：カードを1枚ずつめくっていくようなエフェクト
- Right-To-Left read：ページをめくる方向を逆にする設定

英数字

あ行

か行

さ行

た行

な行

は行

ま行

や行

ら行

わ行

PROFILE

マリエ（塚本麻里江）

Canva公式クリエイター／デザイナー／インフルエンサー。東京芸術大学卒業後、舞台俳優としての活動を経てフリーランスとして独立。SNSでの発信やデザイナーとしての活動をはじめる。Canvaを用いたクリエイティブでSNS総フォロワー12万人。X（旧Twitter）ではCanvaの便利ワザについての発信を行い、企業・個人むけにCanva講座も実施している。
Instagram：@marie_okawa　／　X：@marie_okawa

STAFF

ブックデザイン／マツヤマ チヒロ（AKICHI）
DTP／BUCH+
編集／石井亮輔

お問い合わせについて

本書の内容に関するご質問は、Webか書面、FAXにて受け付けております。
電話によるご質問、および本書に記載されている内容以外の事柄に関するご質問にはお答えできかねます。あらかじめご了承ください。

〒162-0846
東京都新宿区市谷左内町21-13
株式会社技術評論社　書籍編集部
「Canva 基本&デザインTIPS！」質問係
Web　https://book.gihyo.jp/116
FAX　03-3513-6181

なお、ご質問の際に記載いただいた個人情報は、ご質問の返答以外の目的には使用いたしません。また、ご質問の返答後は速やかに破棄させていただきます。

Canva（キャンバ） 基本（きほん）&デザインTIPS（ティップス）！
無限（むげん）に役立（やくだ）つ使（つか）いこなしワザ152

2024年 6月6日　初版　第1刷発行
2024年11月8日　初版　第4刷発行

著者　マリエ
発行者　片岡　巌
発行所　株式会社技術評論社
東京都新宿区市谷左内町21-13
電話　03-3513-6150　販売促進部
03-3513-6185　書籍編集部
印刷／製本　日経印刷株式会社

定価はカバーに表示してあります。

造本には細心の注意を払っておりますが、万一、乱丁（ページの乱れ）や落丁（ページの抜け）がございましたら、小社販売促進部までお送りください。送料小社負担にてお取り替えいたします。

ISBN978-4-297-14180-6 C3055
Printed in Japan